有趣的化学基础百科

生物化学

BIOCHEMISTRY

［美］莫妮卡·拉伯奇　　著

尹晓萌　　译

上海科学技术文献出版社

Shanghai Scientific and Technological Literature Press

图书在版编目（CIP）数据

生物化学 /（美）莫妮卡·拉伯奇著；尹晓萌译 . —上海：上海科学技术文献出版社，2024

书名原文：Biochemistry

ISBN 978-7-5439-8734-0

Ⅰ . ①生… Ⅱ . ①莫…②尹… Ⅲ . ①生物化学—青少年读物 Ⅳ . ① Q5-49

中国国家版本馆 CIP 数据核字（2023）第 002263 号

Biochemistry

Copyright © 2008 by Infobase Publishing

Copyright in the Chinese language translation (Simplified character rights only) © 2024 Shanghai Scientific & Technological Literature Press

选题策划：张 树

责任编辑：李 莺

封面设计：留白文化

生物化学

SHENGWU HUAXUE

[美]莫妮卡·拉伯奇 著 尹晓萌 译

出版发行：上海科学技术文献出版社

地　　址：上海市长乐路 746 号

邮政编码：200040

经　　销：全国新华书店

印　　刷：商务印书馆上海印刷有限公司

开　　本：650mm×900mm　1/16

印　　张：7.25

字　　数：66 000

版　　次：2024 年 4 月第 1 版　2024 年 4 月第 1 次印刷

书　　号：ISBN 978-7-5439-8734-0

定　　价：38.00 元

http://www.sstlp.com

目　录

什么是生物化学？

　　生物化学（biochemistry）是与生命相关的化学研究。它致力于理解构成生物体的分子的结构和功能之间的关系。由于生命过程存在极大的多样性和极高的复杂性，所以这可不是一项容易完成的任务。从微生物到植物、动物和人类，生物化学和研究生物有机体的所有其他科学之间有着广泛的重叠。细胞和分子生物学（cell and molecular biology）、分子遗传学（molecular genetics）、生理学（physiology）、毒理学（toxicology）、药物设计（drug design）、营养学（nutrition）、法医学（forensic science）和环境科学（environmental science）等领域都会使用生物化学技术和方法。

　　一些生物化学家试图解释组成人体的分子是如何运作的。他们识别出这些分子并探明它们是如何产生的，它们如何相互作用，以及它们所经历的化学反应的结果。这些分子大多存在于细胞或细胞周围的物质中。细胞是构成生命系统的基本结构单位。

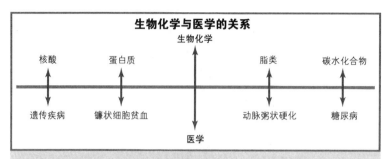

图1.1   生物化学和医学之间的关系如上图所示。医学研究人员试图通过研究图中上半部分显示的分子，来找到图中下半部分显示的疾病的治疗方法

生物分子

正如生物体之间存在巨大的差异一样，对生命至关重要的分子也存在多样性。这些生物分子（biomolecule）通常分为四大类：蛋白质（protein）、核酸（nucleic acid）、脂质（lipid）和碳水化合物（carbohydrate）。这些类别在化学结构、反应活性和功能上都有所不同。蛋白质由被称为氨基酸（amino acid）的化合物构成：有些蛋白质是结构性的，例如构成毛发和软骨的蛋白质；有些是反应活性的，例如参与生命众多化学反应的酶（enzyme）。核酸包括脱氧核糖核酸（DNA）和核糖核酸（RNA），是携带遗传信息和控制蛋白质合成的化

合物。它们是已知的最大的分子之一。脂质是包括脂肪（fat）和油的化合物。碳水化合物包括糖类（sugar）、淀粉（starch）和纤维素（cellulose）等重要化合物。在这四个主要的生物分子类别下面又根据结构或功能分出了亚类。

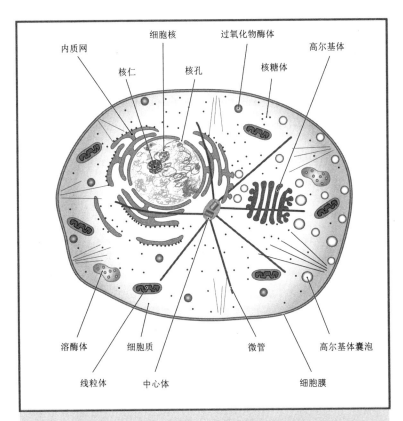

图1.2 细胞是生命的基本单位。上图为真核细胞（eukaryote cell）的示意图，这是两类细胞中比较复杂的一类。与更原始的原核生物（prokaryote）不同，真核生物（细胞）内有以核膜（nuclear membrane）为边界的细胞核和细胞器（organelle）

蛋白质是细胞的主要成分之一。关于蛋白质的研究建构了两个重要的生化专业领域，即蛋白质合成（protein synthesis）和酶学（enzymology）。蛋白质合成是指蛋白质形成的过程。酶学是关于酶的研究。酶学家们描述了酶结合的位点和能够刺激或抑制它们的分子。他们还研究酶是如何控制新陈代谢（metabolism）的。新陈代谢是发生于活的细胞或有机体中，对生命至关重要的化学过程。其他（生化）专业领域包括细胞膜转运（cell membrane transport）即关于生物分子如何进出细胞的研究，与信号转导（signal transduction）即关于细胞如何相互交流，以及细胞内如何产生化学信号的研究。无论专业领域是什么，生物化学主要使用生物学（biology）、化学（chemistry）、物理学（physics）的工具，并使用特殊的技术。表1.1中就总结了很多技术和方法。

表1.1　生物化学中常用的技术和方法

技　术	描　述	目　的
细胞培养技术	微生物、细胞或组织在特定的营养培养基中的生长	获取特定研究材料
显微术	放大太过微小、肉眼看不到的结构	将组织、细胞和生物分子可视化并进行识别鉴定

（续表）

技　术	描　述	目　的
离　心	将混合物置在绕中心轴旋转的容器内，以机械的方法分离不同密度的组分	分离混合物中的成分
层　析	一种分离方法，使用凝胶柱，将不同大小或电荷的分子混合物分离成单个组分	提纯生物分子
电　泳	使用多孔介质，在电场中将带电的大分子分离	鉴别混合物中的成分
光谱学	通过观察分子或原子与电磁辐射的相互作用来研究分子或原子结构	鉴定和描述生物分子
动力学实验	生化反应产物的生成速率的测量	理解反应的性质和/或功能
放射性同位素标记	将放射性标记结合到化合物上	标识生物分子成分；追踪反应路径
X 射线晶体学	用 X 光记录分子的晶体结构	鉴定生物分子的原子组成及其三维结构
核磁共振	将质子置于磁场中，监测质子对辐射的响应	识别溶液中生物分子的三维结构
分子建模	采用可视化生物分子结构及其特性建模的计算机程序	在无法使用实验技术时，用这种方法研究生物分子的特性

生物化学与医学的联系

生物的基因是遗传的基本单位。它们由脱氧核糖核酸（deoxyribonucleic acid，DNA）组成，脱氧核糖核酸是一种储存生物有机体发育和生长所需信息的大生物分子。在人体中，DNA为遗传特征编码，如头发的颜色、眼睛的颜色和身高，以及许多其他特征。分子遗传学（molecular genetics）是一门研究DNA如何被复制并代代相传，以及编码成DNA序列的遗传信息如何在生物体中被用来生成蛋白质的科学。任何干扰DNA信息复制，或影响基因、染色体的物质都可能导致遗传病。生物化学通常用于了解人类遗传疾病。例如，生物化学家已经发现了一种特殊的酶，将其称为DNA聚合酶（DNA polymerase），它可以复制，有时甚至修复受损的DNA。

镰状细胞性贫血（sickle-cell anemia）是一种影响血红蛋白（hemoglobin）的血液疾病。血红蛋白是红细胞中含铁的蛋白质，它将氧气输送到全身。正常的红细胞形状像甜甜圈，柔软而中空。发生镰状细胞性贫血时，红细胞聚集在一起，变得黏稠僵硬，呈弯曲的"香蕉"状，损害血红蛋白有效携氧的能力。

这种疾病是由控制血红蛋白合成的基因突变引起的。血红蛋白分子由两种氨基酸链组成：α 链和 β 链。在分子层

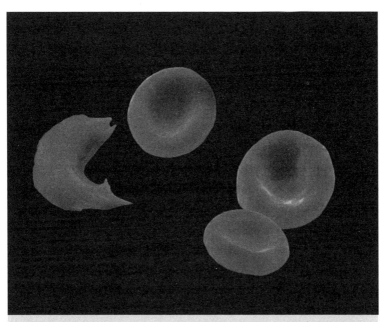

图1.3 图中圆形的细胞是正常的红细胞。左边的畸形细胞是镰状细胞。镰状细胞聚集在一起，会损害血液循环和血液向身体组织输送氧气的能力

面上，镰状细胞贫血突变源自 β 链中的一个氨基酸被另一个不正确的氨基酸所替代。通过测量正常血红蛋白和镰状细胞血红蛋白结合氧气的能力，生物化学家能够描述突变的影响：向组织输送的氧气减少了。

动脉粥样硬化（atherosclerosis）是一种有关大动脉中含脂分子积聚的疾病，它会导致炎症和动脉狭窄，最终可能引发心脏病。生物化学有助于分析这种疾病的细节，例如可以

识别堵塞血管的分子及其在人体内的输送方式。最近的生化测试也能够显示这些分子中含有大量的铜和铁，这表明这些人体维持健康所需的矿物质（mineral）对老年人的健康可能有一定的威胁。

糖尿病（diabetes）是一种身体不能产生足够的胰岛素（insulin）或者细胞不能使用胰岛素从血液中去除葡萄糖（glucose）的疾病。糖尿病会在许多方面影响身体细胞。在过去的几十年里，生化技术已经被用来精确描述身体是如何分解糖的，以及什么会干扰这个过程。血糖水平的监测还包括医生使用的标准生化测试，以了解糖尿病患者对医生推荐的饮食、锻炼和药物治疗计划的反应，以及是否需要做出相应的改变。

哪里有生命，哪里就有生物化学

除了医学，生物化学还在许多科学领域都具有重要地位。例如，生物化学家通过研究维生素（vitamin）、氨基酸、脂肪酸（fatty acid）、各种矿物质和水等分子来研究食物，所有这些都是健康、营养的饮食所需的。生物化学家还解释了这些营养物质是如何被身体吸收的，以及它们在细胞中的作用。例如，身体如何从膳食中摄取脂肪和油并获取能量，这个问题涉及一系列与生物代谢途径相关的生物化学反应。

二十世纪的一项重大科学发现与弄清所有人类基因的全部化学特征（组成）有关。人类基因组计划（Human Genome Project）在2003年达到了这个目标。许多以前未知的基因被识别出来，现在对它们的蛋白质产物的识别需要密集的新领域的生化研究，例如：在不同条件下比较与特定基因相关的蛋白质；使用计算机探索有关基因、核酸和蛋白质的信息；使用微生物或蛋白质来实现特定的工业或制造过程。生物化学一直是一个令人兴奋的研究领域，现在这些进展使它也成为一门极具挑战性的科学。

氨基酸

　　氨基酸是蛋白质的构件分子，蛋白质是存在于所有生物体内的生物分子。氨基酸分子可以结合成链，被称为肽（peptide）。含有许多氨基酸的长肽链被称为多肽（polypeptide）。"poly"来自希腊语，意思是"许多"，因此，多肽是由许多氨基酸链组成的。氨基酸都含有碳（carbon，C）、氧（oxygen，O）、氮（nitrogen，N）和氢（hydrogen，H）。

标准氨基酸

标准氨基酸有20种。它们都有一个同类原子组成的化学核心：一个羧基（COOH）、一个氨基（amine group，NH_2）和一个连在同一个碳原子上的氢原子。这个碳原子叫做 α 碳。氨基酸可以被归入具有相似化学性质的家族。这是通过将不同的基团（即R基）连接到 α 碳上来实现的。20种基本氨基酸的R基团列于表2.1的第四列中。

表2.1　20基本氨基酸

氨基酸	3个字母的代码	1个字母的代码	R基
丙氨酸	Ala	A	$-CH_3$
精氨酸	Arg	R	$-(CH_2)_3NHC(NH_2)NH_2^+$
天冬酰胺	Asn	N	$-CH_2CONH_2$
天冬氨酸	Asp	D	$-CH_2COOH$
半胱氨酸	Cys	C	$-CH_2SH$
谷氨酰胺	Gln	Q	$-CH_2CH_2CONH_2$
谷氨酸	Glu	E	$-CH_2CH_2COOH$
甘氨酸	Gly	G	$-H$
组氨酸	His	H	$-CH_2C_3N_2H_4$
异亮氨酸	Ile	I	$-CHCH_3CH_2CH_3$
亮氨酸	Leu	L	$-CH_2CH(CH_3)_2$
赖氨酸	Lys	K	$-(CH_2)_4NH_3^+$
甲硫氨酸	Met	M	$-CH_2CH_2SCH_3$
苯丙氨酸	Phe	F	$-CH_2C_6H_5$

（续表）

氨基酸	3个字母的代码	1个字母的代码	R基
脯氨酸	Pro	P	$-CH_2CH_2CH-$
丝氨酸	Ser	S	$-CH_2OH$
苏氨酸	Thr	T	$-CHOHCH_3$
色氨酸	Trp	W	$-CH_2C_2HNHC_6H_4$
酪氨酸	Tyr	Y	$-CH_2C_6H_4OH$
缬氨酸	Val	V	$-CH(CH_3)_2$

注：该表列出了20种标准氨基酸及其名称缩写，缩写可以保留3个字母或单个字母。例如，丙氨酸（alanine）可以被称为“Ala”，或者简写为“A”。

例如，丙氨酸（Ala）的化学式为$C_3H_7NO_2$，结构式（structural formula）为：

$$
\begin{array}{c}
CH_3-CH-COOH \\
\quad | \\
\quad NH_2
\end{array}
$$

像所有其他氨基酸一样，α 碳与一个COOH基相连，与另一个NH_2基相连。但与其他氨基酸不同，丙氨酸的R基是CH_3。氨基酸是酸，因为它们的羧基和氨基都能在水中释放氢离子。

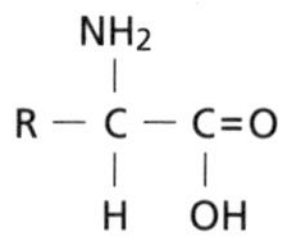

图2.1 氨基酸是蛋白质的构件分子。所有氨基酸都有一个与 α 碳原子（alpha carbon）相连的氨基（amino group），还有羧基（carboxylic group）、氢原子（hydrogen atom）和R基（R group）

水

　　氢（H）和氧（O）是生命系统中四种最丰富元素中的两种。它们相互结合形成水（H_2O）。没有水，就没有我们所知的生命。人类的身体主要由水构成。水在人体中溶解其他维持生命的物质，随后将它们运送到细胞内和细胞周围。同时，水也是一种很重要的液体，重要的生化反应都发生在其中。

　　一个水分子由一个氧原子和两个氢原子组成。单个氢原子有一个可用于键合的电子，每个氧原子则有六个。氢通过共享一对电子与氧键合。这种共享电子的键被称为共价键。由此，氧原子周围环绕着四对电子：两对与氢形成共价键，另外两对未被共享的电子则位于氧原子的另一侧。

　　水的特别之处在于它是极性分子，这意味着水分子的两侧带有不同的电荷。由于存在不共享的电子对，所以氧原子附近存在部分负电荷。氢原子带有轻微的正电荷，因为共价键中共享的电子被更多地拉向氧原子。与氢相比，氧是电负性或者说是亲电子原子。当更多的水分子接触时，氢原子附近的部分正电荷会吸引另一个水分子中氧原子附近的部分负电荷。这种分子间的作用力被称为氢键（或H键）。其他带电和极性分子溶解在水中的能力是因为水带有的极性。由于具有极性，水成了一种非常优质的溶剂。盐、糖和氨基酸一类的带电分子或极性分子非常容易溶于水。所以，此类化合物被称为亲水的（或喜水的）。不带电或非极性分子（例如脂质）不易溶于水，则被称为疏水的（憎水的）。

　　水的许多其他重要特性都源于其能够形成氢键的特殊能力。例如，漂浮的冰块是因为氢键会使水分子之间在固体状态下比

在液体状态下相距更远；在液体状态下水分子的氢键较少。疏水作用，或排斥含碳和氢的化合物（非极性化合物），是由氢键引发的水的另一个特性。疏水作用对于由长碳氢链组成的细胞膜的形成非常重要。水通过将非极性碳链"挤压"在一起来帮助它们成形。

在化学反应过程中，从微小的亚原子粒子（例如电子）到整个原子（例如氢）的分子部分会四处移动、转移、共享或交换。由于水是地球上最常见的化学溶剂，因此此类化学反应大多发生在水中。然而，水不仅是一种会允许化学反应发生在其中的被动液体。事实上，它作为溶剂也发挥着积极的主动作用，不断地在反应性分子周围形成和破坏化学键，为分子们从一种化合物穿梭到另一种化合物提供便利。

水也很重要，因为当它离解或分裂成离子时，它会形成：

$$H_2O \longrightarrow H^+ + OH^-$$

两个水分子电离后会发生如下状况：

$$2H_2O \longrightarrow H_3O^+ + OH^-$$

带电的 H_3O^+（称为水合氢离子）和 OH^-（称为氢氧根离子）与周围的水分子形成更强的 H 键。H_3O^+ 的量也将控制溶液的 pH 值。在 pH 值为 7.0 时，溶液呈中性——既不呈酸性也不呈碱性。在较低的 pH 值（1~6）状态下，它含有大量 H_3O^+ 并且呈酸性，这意味着它可以释放 H^+ 或 H_3O^+。在较高的 pH 值（8~14）状态下，溶液呈碱性，这意味着它几乎没有 H^+ 或 H_3O^+，并且可以接收更多的这些离子。

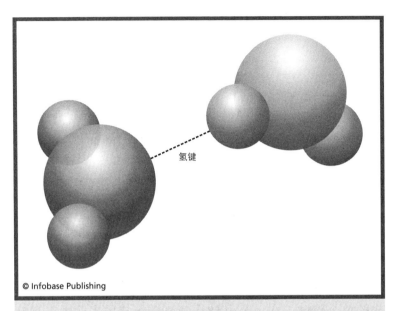

© Infobase Publishing

图2.2　两个水分子通过氢键相连。这是因为一个分子中略带正电的氢原子被另一个分子中略带负电的氧原子吸引而发生的

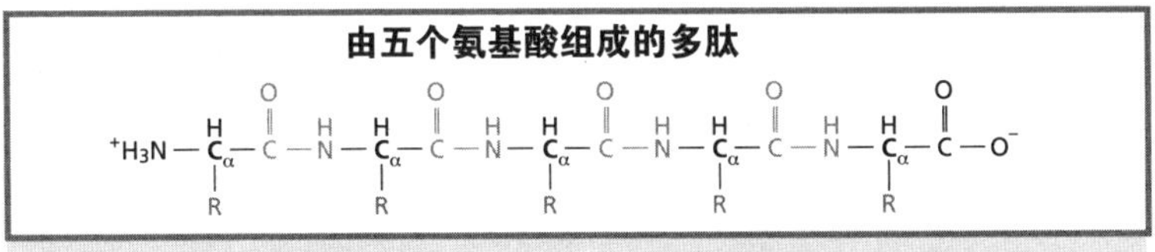

由五个氨基酸组成的多肽

图2.3　在由五个氨基酸组成的多肽中，粗体黑色的C表示的是 α 碳。氨基酸通过肽键连接在一起，肽键将一个氨基酸的羧基连接到下一个氨基酸的氨基上。R基可以是不同的侧链。C_α–C–N–C_α–C–N–C_α–C–N是"主链"（backbone）

肽　键

　　氨基酸通过一种叫做肽键（peptide bond）的键连接在一起。肽键，–CO–NH–，形成于一个氨基酸的羧基和另一个氨基酸的氨基之间。

　　小的肽由几个氨基酸组成。例如，丙氨酸–甲硫氨酸–甘氨酸（Ala–Met–Gly），一种由丙氨酸、甲硫氨酸和甘氨酸组成的肽。最简单的肽叫做二肽（dipeptide），它包含一个在氨基酸羧基的碳原子和第二个氨基酸氨基的氮原子之间形成的单个肽键。在一个由58个氨基酸组成的多肽中，有56个肽键。肽链中不包含R基的"C_α–C–N–C_α–C–N–C_α–C–N"原子（排列）被称为"主链"。

　　"C–N"肽键有一个有趣的特性：它是平面的且具有刚性。肽键的这种特殊几何形状使得它非常稳定，是维持蛋白质结构的理想形式。

Chapters

第3章

蛋白质和核酸

　　蛋白质如何维持生命？它们是如何产生的？它们是如何识别对方的？为什么DNA的结构有助于解释遗传信息是如何编码的？在回答这些问题之前，了解什么是蛋白质和核酸是很重要的。

蛋白质结构

蛋白质有许多不同的大小和形状。例如，细胞色素c，一种转运电子的蛋白质，只有一条由104个氨基酸组成的多肽链。然而肌球蛋白（myosin），这种能使肌肉收缩的蛋白质，含有两条多肽链，每条多肽链大约含有2 000个氨基酸，由四条较小的链连接。它被称为多聚体蛋白质（multimeric protein）。不论大小，所有的蛋白质都有一级、二级和三级结构。有些还具有四级结构。

一级结构

蛋白质由20种不同的氨基酸组成。氨基酸通过肽键连接在一起。蛋白质的一级结构是其氨基酸序列。例如，细胞色素c序列中的前10个氨基酸是Ala-Ser-Phe-Ser-Glu-Ala-Pro-Gly-Asn-Pro，而肌球蛋白序列中的前10个氨基酸是Phe-Ser-Asp-Pro-Asp-Phe-Gln-Tyr-Leu-Ala。因此，一级结构只是多肽链中氨基酸的全部序列。测定蛋白质的一级结构叫做蛋白质测序（protein sequencing）。第一个被测序的蛋白质是胰岛素。

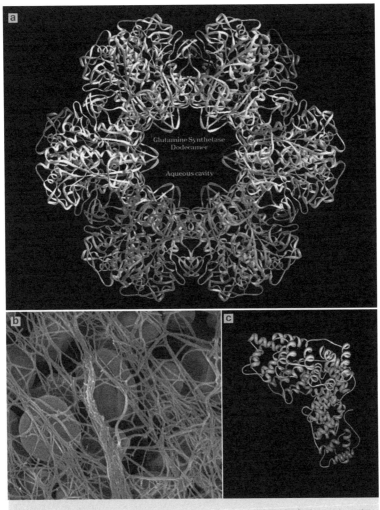

图3.1　蛋白质有不同的形状和大小:(a)谷氨酰胺合成酶;(b)血纤蛋白;(c)钙泵蛋白(calcium pump protein)

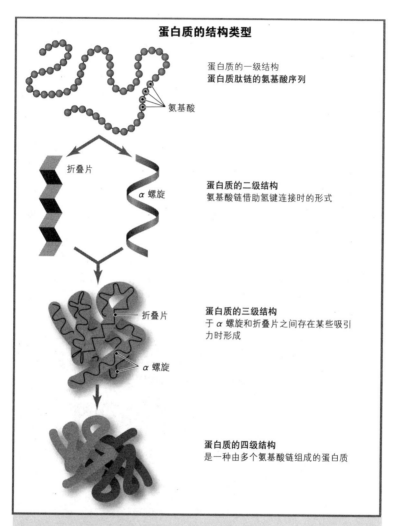

蛋白质的结构类型

氨基酸

蛋白质的一级结构
蛋白质肽链的氨基酸序列

折叠片

α 螺旋

蛋白质的二级结构
氨基酸链借助氢键连接时的形式

折叠片

α 螺旋

蛋白质的三级结构
于 α 螺旋和折叠片之间存在某些吸引力时形成

蛋白质的四级结构
是一种由多个氨基酸链组成的蛋白质

图3.2 上面是四种蛋白质结构。所有蛋白质都有一级、二级和三级结构。也有些有四级结构

二级结构

蛋白质的多肽链不会保持在一个平面上。相反，当蛋白质形成时，多肽链开始扭曲。它像一根可以被捆扎成许多不同形状的绳子一样折叠并盘绕。这种卷曲和折叠决定了蛋白质的二级结构。二级结构由多肽骨架中的羧基和氨基之间的化学键维持。二级结构有很多种类型，但最常见的两种是 α 螺旋和 β 折叠。

α 螺旋

α 螺旋是棒状的。肽缠绕在一个假想的圆柱体上，并

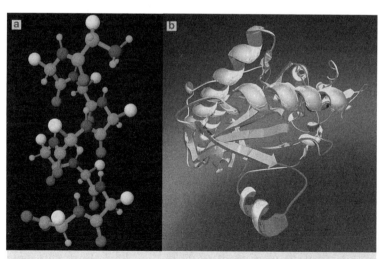

图3.3 α 螺旋是最常见的二级结构类型之一。图中:(a) α 螺旋的分子结构;(b) 由几个盘旋的 α 螺旋组成的蛋白质

通过肽键组成部分之间形成的氢键保持形状。

因为在一个 α 螺旋中有如此多的氢键，所以 α 螺旋的结构非常稳定和坚固。α 螺旋是大多数蛋白质中常见的结构。

β 折叠

另一种折叠类型是 β 折叠。在这种排列中，氨基酸链折返成锯齿结构，并呈现出一张折纸的形状。β 折叠也是通过氢键结合在一起的。

三级结构

一旦蛋白质开始折叠，它最终会收缩成一种特殊的三维形状，被称为三级结构。就像人类独特的指纹一样，每种蛋白质都有独特的三级结构，这种结构决定了蛋白质的特性和功能。三级结构是通过蛋白质中氨基酸的 R 基之间的键结合在一起的，因此它取决于氨基酸的序列。三级蛋白质结构中涉及三种键：

1. 氢键（H bond），弱键。因为它们容易断裂和重建，所以它们使蛋白质具有弹性。
2. 带正电荷或负电荷的基团之间的离子键（ionic bond），相当强。

3. 二硫键（disulfide bridge），两个半胱氨酸氨基酸之间的S–S键，也很强。

因此，二级结构取决于主链原子之间的氢键，与一级结构无关；三级结构取决于R基团原子之间的键，因此取决于氨基酸序列。对于只有一条氨基酸链的单体蛋白质，三级结构对应它的三维结构。

四级结构

具有一条以上多肽链的蛋白质需要更高水平的组织。在四级结构中，不同的链组装在一起形成蛋白质的整体三维结构。作为四级结构的一部分，单个多肽链可以以多种形状排列。

球状或纤维状结构

蛋白质的最终三维形状可以分为球状或纤维状。球状意味着圆形，像一个球。大多数蛋白质是球状的，包括酶、膜蛋白和贮藏蛋白。纤维蛋白是细长的，看起来更像绳子。蛋白质在人体结构中发挥着重要作用，例如胶原蛋白，它是皮肤和骨骼的主要基质。纤维状蛋白质通常由许多多肽链组成。有些蛋白质既有纤维成分又有球状成分，例如，肌肉蛋白中的肌球蛋白有一条长纤维尾巴和一个球状头部。

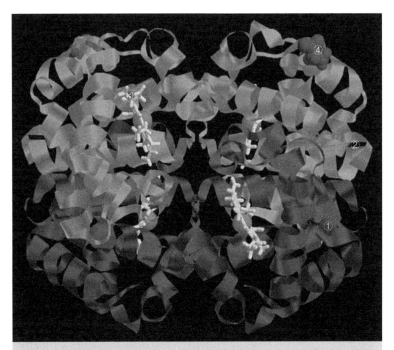

图3.4 血红蛋白输送氧气，并具有四级结构，显示了链是如何排列形成分子的。如上图所示，它由四条多肽链组成——①两条相同的 α 珠蛋白（alpha globin）；②两条相同的 β 珠蛋白（beta globin）；③每条链携带一个带有中心铁原子的血红素基团，这个铁原子与氧结合；④此结构代表 β 链6号残基处的谷氨酸

蛋白质无所不能

　　蛋白质以许多不同的角色参与所有生命过程。人体制造

大约50 000种不同的蛋白质，每一种都有特定的功能。

蛋白质的功能取决于它们的结构。例如，红细胞中的携氧蛋白，即血红蛋白，由四条链组成。每条链含有一个铁原子，可以结合一个氧分子。由于身体需要不同量的氧气，血红蛋白的结构使得它很容易改变自己结合氧气的能力并对身

营养输送

人体含有数以万亿计需要源源不断供应营养的细胞，而这些供应来自我们所吃的食物。当食物通过消化系统时，它们被分解成更简单的分子，可供体细胞使用。这些最终的消化分解产物进入血液并被运送抵达身体的所有细胞。糖和盐等水溶性营养物质在液态血中流动，并在途中不断被细胞吸收。然而，有些营养素不溶于水，因此需要特殊的载体将它们运送到饥饿的细胞处。人血清白蛋白就是这样一种载体。它携带脂质的组成部分——脂肪酸分子在细胞周围和内部形成膜。脂肪酸是重要的能量来源，人体以脂肪的形式储存脂肪酸。当身体需要能量或构建分子时，脂肪细胞会将脂肪酸释放到血液中。

人血清白蛋白是血浆中含量最多的蛋白质，其中每个分子可以携带七个脂肪酸分子。这些分子结合在蛋白质的深层裂缝中，将富含碳的链隐藏在远离水周围的区域。人血清白蛋白还与许多其他不溶水分子结合在一起。尤为特别的是，人血清白蛋白与许多药物分子的结合能够在很大程度上影响它们在人体内的输送方式。

体的需求做出反应。免疫球蛋白（immunoglobulin）是起抗体作用的蛋白质，帮助身体对抗疾病和消灭外来入侵物质。抗体有四条折叠（或组装）成Y形的多肽链。这种形状允许抗体将外来物质连接在一起，让这些物质结块并失去伤害身体的能力。

　　肌动蛋白（actin）是一种存在于肌肉中的蛋白质。它由许多排列成双螺旋的多肽链组成，形成非常坚固的长丝状结构。微管蛋白（tubulin）是一种蛋白质，它组装成为中空管形式的微管（microtubule）。微管是纤毛（cilia）和鞭毛（flagella）构成的基础。纤毛是一种短的毛发状结构，允许一些单细胞生物移动，并且帮助一些较大的生物体在体内运输物质。人体中的气管或气管中的纤毛将黏液排出肺部。鞭毛是推动精子（sperm）及一些单细胞生物的鞭状"尾巴"。

表3.1　蛋白质功能

功能	蛋白质	所在位置
维护结构	胶原蛋白	骨头、软骨
	角蛋白	头发、指甲
	肌动蛋白	肌肉
运输	血红蛋白（氧气）	血液
	转铁蛋白（铁）	肝脏、血液
	细胞色素（电子）	组织

（续表）

功能	蛋白质	所在位置
泵	钠或钾泵	细胞膜
运动	肌球蛋白	肌肉
激素	胰岛素	血液
受体	视紫红质（光）	眼睛的视网膜
抗体	免疫球蛋白	血液
储存	肌红蛋白（氧）	肌肉
	白蛋白	蛋类、血液
凝血	凝血酶	血液
	血纤蛋白原	
润滑	糖蛋白	关节
通道	孔蛋白	细胞膜

核　酸

　　人体内所有蛋白质的合成都需要大量的信息。这些信息贮存在被称为核酸的大分子中。核酸的主链由交替结合在一起的糖分子和磷酸分子长链组成。主链中的每个糖基团都与第三种分子连接，即含氮碱基（nitrogen base）。正如蛋白质由20种氨基酸组成的一样，核酸中也有五种不同的碱基：尿嘧啶（U）、胞嘧啶（C）、胸腺嘧啶（T）、腺嘌呤（A）和鸟嘌呤（G）。

含氮碱基、糖和磷酸共同构成一个核苷酸。因为有五种不同的碱基，所以有五种不同的核苷酸。每个核酸含有数百万个核苷酸。它们连接的顺序是核酸携带的遗传信息的编

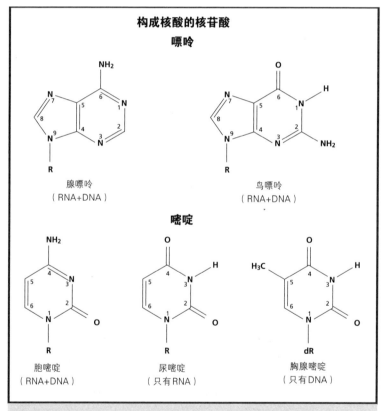

图3.5 上面是组成核酸的五种核苷酸。像遗传字母表一样，核苷酸的顺序决定了特定蛋白质的结构

码。换句话说，核苷酸就像遗传字母，它们的顺序决定了特定蛋白质的结构。身体中几乎每个细胞都包含这种信息。有许多不同类型的核酸可以帮助细胞复制和合成蛋白质。最有名的是脱氧核糖核酸和核糖核酸。

脱氧核糖核酸

在除病毒外的大多数生物中，遗传信息储存在一种叫做脱氧核糖核酸（DNA）的分子中。它的名字来源于它所含的糖，脱氧核糖（deoxyribose）。脱氧核糖核酸存在于也产生于活细胞的细胞核中。在脱氧核糖核酸中发现的四种核苷酸是腺嘌呤（A）、胞嘧啶（C）、鸟嘌呤（G）和胸腺嘧啶（T）核苷酸。这些核苷酸形成两条长链，它们以一种螺旋形式相互缠绕，这种形式被称为"双螺旋"。

双螺旋有缠绕和解旋的能力，因此核酸链可以自我复制，每当细胞分裂时，就会发生复制过程。

双螺旋的一条链上的核苷酸与另一条链上的核苷酸结合。这叫做碱基配对（base-pairing）。这种结合是高度特异性的，因为腺嘌呤核苷酸总是与胸腺嘧啶结合，鸟嘌呤总是与胞嘧啶结合。双链脱氧核糖核酸分子有一种独特的能力：在复制的过程中，它可以自己合成精确的拷贝。当需要更多的脱氧核糖核酸时，例如在繁殖或生长过程中，核苷酸之间

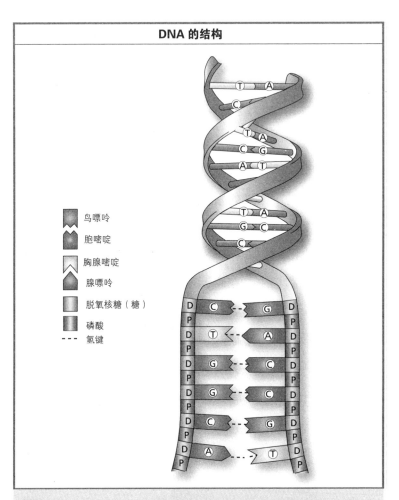

DNA 的结构

鸟嘌呤

胞嘧啶

胸腺嘧啶

腺嘌呤

脱氧核糖（糖）

磷酸

--- 氢键

图3.6　一个DNA分子的结构显示为双螺旋形状，它由缠绕在一起的四种核苷酸（鸟嘌呤、胞嘧啶、胸腺嘧啶和腺嘌呤）以及它的糖–磷酸主链组成

的氢键就会断裂，脱氧核糖核酸分子的两条链分离。细胞中出现的新碱基与两条独立链上的碱基配对，从而合成两个新的双链脱氧核糖核酸分子，它们既与原始脱氧核糖核酸分子

冗长的DNA

　　DNA分子链非常细小，只有在功率非常强大的电子显微镜下才能看到它们。使用这种仪器，可以将细胞放大到1 000倍。在这个规模下，细胞核中DNA的总长度为3.1千米（约1.9英里），大约是美国华盛顿特区林肯纪念堂和国会大厦之间的距离。

　　一个人的所有遗传信息都存储在每个细胞中的完整染色体组中。在人类细胞的46条染色体中，DNA中大约有30亿个碱基对。一个成年人体内存在的DNA总长度可以计算如下：

1个碱基对的长度 × 一个细胞中碱基对的数量 ×

体内细胞数

$= (0.34 \times 10^{-9})$ 米 $\times (3 \times 10^9) \times 10^{13}$

$= 1.0 \times 10^{13}$ 米

$= 1.0 \times 10^{10}$ 千米

相比之下，地球到太阳的距离是 152×10^6 千米。同时：

体内DNA的长度 / 日地距离

$= (2.0 \times 10^{10})$ 千米 / (152×10^6) 千米

≈ 131

　　这意味着成年人体内DNA的长度约与在地球和太阳间往返旅行131次的距离一样长。

相同，又彼此相同。

　　当细胞不分裂时，DNA 就不会复制，此时 DNA 是细胞核中松散的白线串。核酸链通常是展开的。为了适应细胞，

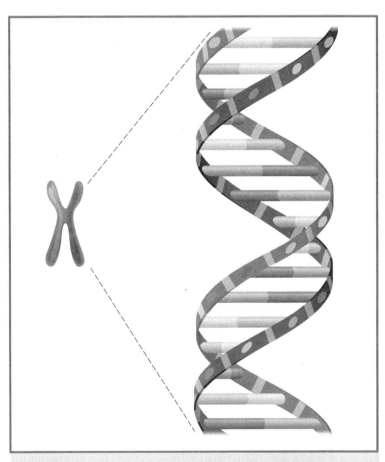

图 3.7　细胞核中的染色体含有 DNA。DNA 完全复制后，染色质（chromatin）紧密缠绕时，就形成了染色体

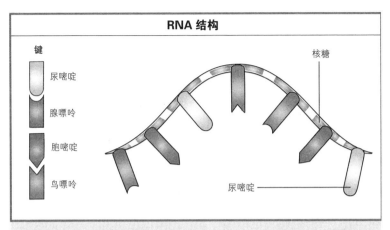

图3.8 RNA分子的结构类似于DNA的结构，除了它的第四种碱基是尿嘧啶而不是胸腺嘧啶，它的糖基是核糖而不是脱氧核糖，它由单链而不是双链组成

DNA被切成较短的一段段，每一段都被紧紧地包裹在一个叫做染色质的丝状结构中。在细胞生命的大部分时间里，染色质分散在整个细胞核中，用光学显微镜是观察不到的。然而，当细胞开始繁殖时，染色质就会解开，这样DNA就可以复制。在DNA复制后，染色质卷得更紧，形成称为"染色体"的结构。染色体在光学显微镜下可见。在一个正在繁殖的细胞中，染色体成对出现，一对染色体中的每一条染色体都含有一个复制的DNA拷贝。

RNA

　　核糖核酸，或称RNA，也是由它所含的糖基而得名的，即核糖（ribose）。RNA在很多方面与DNA相似。它有一个带有含氮碱基的糖–磷酸主链，还含有腺嘌呤（A）、胞嘧啶（C）和鸟嘌呤（G）。然而，核糖核酸不含胸腺嘧啶（T）。核糖核酸的第四种碱基是尿嘧啶（U）。与DNA不同，RNA是一种单链分子。

　　各种RNA在生物体内蛋白质的合成中发挥作用。RNA也携带一些病毒的遗传信息。RNA有很多种，每种都有自己的功能。例如，信使RNA（messenger RNA），也被称为mRNA，它把储存在细胞DNA中的信息从细胞核带到细胞的其他部分，在那里它被用来合成蛋白质。另一种RNA，转移RNA（transfer RNA），也被称为tRNA，与氨基酸结合，并将它们转移到合成蛋白质的区域。

酶

　　酶是能将反应速度提高一百万倍或更多的蛋白质。没有酶，生物体中复杂的反应就不能迅速进行以维持生命。人类细胞中大约有40 000种不同的酶，每种酶控制不同的化学反应。每种酶只与一种叫做底物的分子反应。酶和它的底物像锁和钥匙一样紧密结合在一起。就像门钥匙可以打开一扇门一样，酶使一种反应可以进行。

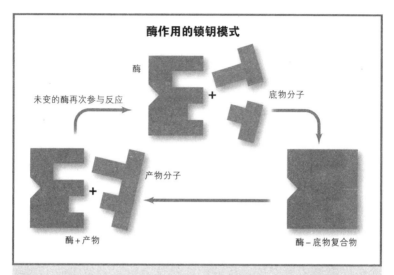

酶作用的锁钥模式

酶

未变的酶再次参与反应

底物分子

产物分子

酶+产物

酶–底物复合物

图4.1 上图说明了酶作用的"锁和钥匙"假设。酶与接近的底物完美契合，就像钥匙进入锁一样。然后形成酶–底物复合物，产物从底物中生成。产物不再适合活性部位的"锁"，于是被释放

酶是如何工作的

酶活性包括四个步骤：

1. 酶和底物相互靠近。

2. 酶有一个叫做活性部位的特殊区域。酶的这个区域是一个三维实体，它与底物精确匹配。底物与酶的活性部位结合，形成酶–底物复合物。一旦底物和

酶结合在一起，酶可以稍微改变它的形状，扭曲位
于活性部位的底物，使其更有可能发生变化，生成
产物。例如，酶可以拉伸底物中的一个键，使其更
容易断裂。酶还可以改变活性部位内部的条件，如
酸碱度（pH）、含水量和电荷，使它们与外部的条件
非常不同，从而更有可能发生反应。

3. 酶是催化剂，是在特定的化学反应中起作用的物质，
   但它本身不会被反应改变。因此，酶–底物反应的
   结果是：酶保持不变，但底物发生变化。底物的形
   状可以改变，或者它可以被分解成产物，或者与另
   一种分子结合形成新的物质。

4. 当反应结束时，酶和底物分离，酶又处于初始状态
   为另一个反应做好准备。但是底物已被反应改变了，
   现在被称为产物。

酶是如何控制化学反应的

影响酶催化反应的因素有很多，包括温度、pH值（酸
碱度）、酶和底物浓度以及酶抑制剂。

　　温度　酶有一个最适温度，在这个温度下它们工作效率

最高。对于大多数酶来说，最适温度大约是40摄氏度（104华氏度），但是有些酶在截然不同的温度下工作得最好。例如北极雪蚤的酶在−10℃（14 ℉）下工作，如果温度太高，酶就会被破坏，这一过程称为变性（denaturation）。热量破坏了在酶的二级和三级结构中结合在一起的氢键，因此酶及其活性部位改变了形状。底物不再结合，生化反应也不再发生。

pH值　正如温度可以改变酶的形状一样，环境的酸碱度也能改变酶的形状。pH值是酸碱度的量度，酶附近的酸度增加会导致它的形状改变，过度增加则会使它失效。所有的酶也有一个最佳的pH值。对大多数酶来说，这一数值是7，即大多数细胞的pH值。一些特殊的酶可以在极端的pH值条件下工作，例如动物胃中的蛋白酶，可在 pH 值条件为1时工作。

酶的浓度　定量样品中存在的酶的含量称为酶浓度。随着酶浓度的增加，反应速率也增加，因为有更多的酶分子可用来驱动反应。然而当酶的浓度达到一定水平后，即使添加了更多的酶，这一反应速率也停止上升。通常酶在细胞中的浓度相当低。

酶抑制剂　抑制剂是降低酶活性、降低其反应速度的物质。一些抑制剂甚至可以完全停止酶的催化反应。它们是天然存在的，但也有人工生产的药物、杀虫剂和其他物质。最成功的抑制剂是那些结构与底物非常相似的抑制剂，因此它们可以结合酶活性位点。如果活性部位被抑制剂占据，酶就不再能结合其真正的底物。还有一些抑制剂看起来不像底物。相反，它们与酶结合，从而改变酶的形状；酶的活性部位的几何形状被改变，使得不再适合与底物结合。

效应物　一些酶需要效应物才能满负荷工作。效应物是提高酶催化反应速度的物质。它们也被称为"激活剂"，因为在某些情况下，没有它们，酶就不能发挥作用。

几种特定的酶

生物体内有许多不同的酶，它们执行各种各样的功能，但每种酶只能催化一种生化反应，这被称为"酶的专一性"（enzyme specificity）。

溶菌酶

溶菌酶是一种保护生物免受细菌感染的比较小的酶。

它通过攻击细菌细胞周围的起保护作用的细胞壁来做到这一点。细菌的细胞壁很坚韧，由碳水化合物长链组成。溶

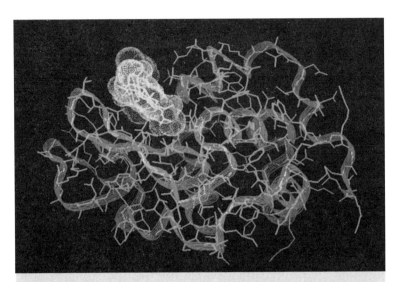

图4.2 溶菌酶（lysozyme）通过破坏细菌的细胞壁来防止细菌感染。上图显示了溶菌酶的蛋白质（白色）和主链（灰色）。还显示了与活性部位结合的底物

菌酶破坏这些链，溶解细菌的细胞壁。亚历山大·弗莱明（Alexander Fleming）发现了这种酶，他当时正试图制造医用抗生素（antibiotic），即杀死细菌的药物。多年来，他在细菌培养物中添加了许多不同的化学物质，试图找到一种可以阻止细菌生长的化学物质。一天，他感冒了，向培养液中加入一滴鼻涕，令他惊讶的是，黏液杀死了细菌。后来，人们发现眼泪、血液和黏液都含有溶菌酶，这有助于身体抵抗细菌。

乙醇脱氢酶

　　乙醇脱氢酶（alcohol dehydrogenase）比溶菌酶大得多。这是一种能够分解酒精分子的酶。因此，它是人体对抗酒精分子的第一道防线。酒精分子对人体有毒，并可能损害神经系统。人体内存在高水平的乙醇脱氢酶，乙醇脱氢酶可将酒精转化成无毒分子。乙酸盐（acetate）分子很容易被细胞利用，乙醇脱氢酶可将其转化为对身体无害的成分。人体内至少有九种不同类型的乙醇脱氢酶，每种都略有不同。它们大多数存在于肝脏中，其余在胃的内层。每种酶由两条链组成，不同的脱氢酶可以交换它们的链来生成仍然有活性的混合酶。酒精不是这些酶的唯一目标；它们也能使类固醇（steroid）和脂肪酸发生重要的改变。多种不同的脱氢酶确保了总会有一种合适的脱氢酶来完成反应。

RNA聚合酶

　　一些RNA把遗传信息从细胞核中的DNA带到蛋白质合成的位置，一些RNA把氨基酸转移到生长中的蛋白质上。RNA聚合酶（RNA polymerase）是一种产生不同种类RNA分子的酶。

RNA聚合酶是一种巨大的酶，有许多部分，包括十多种不同的蛋白质。不同的部分一起形成一个系统，围绕着

酶的商业应用

在美国，约有2 080万人（占总人口的7%）患有糖尿病。糖尿病是一种由于身体无法调节血糖水平而导致的疾病。幸运的是，通过谨慎的饮食和药物治疗，能够减少糖尿病并发症的发生。监测血液中的葡萄糖水平是糖尿病治疗的重要部分，方便在血糖过高时采取适当的措施。在葡萄糖氧化酶的帮助下，目前的血糖测量变得更为快速、简便并且便宜。

葡萄糖氧化酶是一种将葡萄糖转化为葡萄糖内酯的不起眼的酶，在反应过程中会产生过氧化氢。过氧化氢是一种可以杀死细菌的毒性化合物。这就是为什么会在真菌表面发现葡萄糖氧化酶的原因，因为它有助于防止细菌感染。此外，蜂蜜中也会有葡萄糖氧化酶的存在，这个时候它就是天然防腐剂。

葡萄糖氧化酶现在已进入商业使用范围，成为价值数十亿美元生物技术产业关注的焦点。葡萄糖氧化酶被用于制造测量血液中葡萄糖含量的生物传感器，它通过获取难以测量的东西（葡萄糖）后生成易于测量的东西（过氧化氢）来达到便于测量的目的。葡萄糖进入含有酶的生物传感器，在转化为葡萄糖内酯的过程中会形成过氧化氢，然后通过检测器对其进行测量。因此，血样中的葡萄糖越多，形成的过氧化物就越多，检测器的信号就越强。

DNA链，解开它们，并利用在DNA链中的编码信息，合成一个RNA分子。一旦酶开始工作，它会沿着DNA快速移动，产生数千个核苷酸长度的RNA链。RNA聚合酶在复制遗传信息时必须非常精确。为了提高准确性，它在构建RNA链时执行简单的校对步骤。它能做到这一点是因为它的活性部位可以在延伸链上添加或去除核苷酸。这种酶有能力去除那些不匹配的核苷酸。总的来说，RNA聚合酶每增加10 000个核苷酸就会出错一次，或者每产生一条RNA链就会出错一次。

乙酰胆碱酯酶

人体的大多数活动都与神经系统的细胞相关。神经细胞（nerve cell）接收信号，处理它们，并发送信息。一些神经细胞直接与肌肉细胞联系，向它们发送收缩信号。其他神经细胞向大脑发送信号。神经细胞可以通过一种叫神经递质（neurotransmitter）的物质相互联系，还可与肌肉细胞联系。这些是从神经细胞末端释放出来的小分子，它们迅速传播到邻近的细胞，一旦到达就会刺激反应。有许多种不同的神经递质，每种都有特定的功能。乙酰胆碱（acetylcholine）是最重要的神经递质之一，它将信号从神经细胞传递到肌肉细胞。当某些神经细胞接收到来自神经系统的信号时，它们通过释放乙酰胆碱作出反应，乙酰胆碱打开肌肉细胞上的受体并触发收缩过程。一旦信息传递出去，乙酰胆碱就必须被破坏，这样收缩就不会永远持续下去。乙酰胆碱酯酶（acetylcholinesterase）的工作就是让乙酰胆碱失活。

这种酶在信号传递后发生反应，它将乙酰胆碱分解成两个组成部分，乙酸（acetic acid）和胆碱（choline）。这样一来信号就消失了，分子也可以被回收并再合成新的神经递质用于下一条信息。

ATP 合酶

ATP 合酶是一种复杂的酶，包括一个分子"马达"、一个离子泵和另一个分子"马达"，都被包裹在一台神奇的机器里。它在细胞中起着非常重要的作用，合成了一种叫做三磷酸腺苷（adenosine triphosphate，也被称为 ATP）的化学储能化合物。ATP 分解释放的能量驱动所有细胞过程。ATP 合酶由两个旋转"马达"组成，每个"马达"由不同的燃料驱动。第一个"马达"叫做 F0，它是一个电动"马达"，位于细胞膜上，由穿过细胞膜的氢离子流驱动。当氢离子流过"马达"时，它们转动一个附在 F0 上的圆形转子轴。该轴还连接到第二个"马达"，称为 F1。F1"马达"

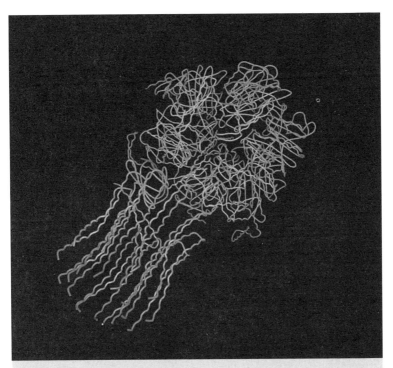

图4.3 ATP合酶（ATP synthase）合成化学储能化合物，这种化合物被称为ATP。这种复合酶的两个旋转"马达"之一是F1"马达"（如图上部所示），这是一种产生ATP的化学"马达"

是一种化学"马达"，它产生ATP。所以当F0转动时，F1也转动，产生ATP。

第**5**章

脂质和生物膜

　　脂质（lipid）是另一种对生命非常重要的生物分子。脂质有很多不同的种类，它们的化学性质各不相同，但是它们都具有不溶于水的特性。脂质包括脂肪、油、蜡和类固醇。脂质构成细胞周围的膜。脂肪是主要的食物种类之一，因此它具有极高的能量价值。

46

脂肪

　　甘油三酯（triglyceride）是大多数脂肪存在于食物和体内的化学形式。甘油三酯是三碳分子甘油（glycerol）与三个脂肪酸形成的三酯。脂肪酸含有12~24个碳原子构成的长链。脂肪酸中的碳与不同数量的氢原子结合成键。

　　液态甘油三酯被称为油，主要存在于植物中，不过鱼的

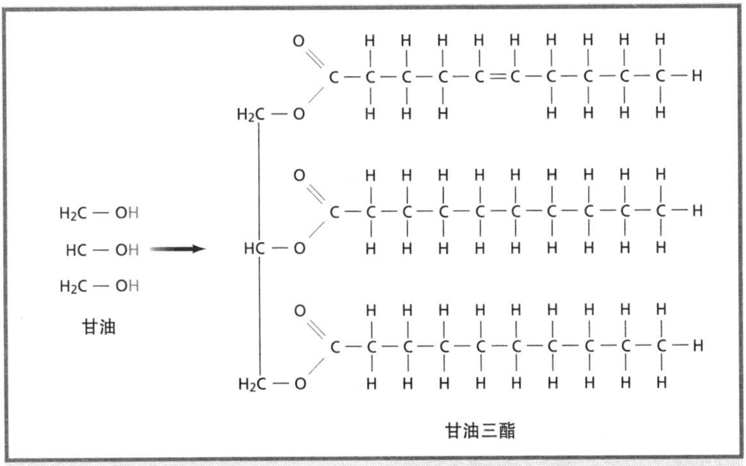

图5.1　甘油三酯是一种脂肪分子，由含有碳原子长链的脂肪酸分子取代甘油中的氢原子（左）而形成。当脂肪酸链中没有碳双键时，脂肪被称为"饱和的"（saturated），但当有双键时，如图中最上面一条链所示，脂肪被称为"不饱和的"（unsaturated）

甘油三酯也主要是油。在室温下呈固态或半固态的甘油三酯被称为脂肪，它们大多存在于动物体内。脂肪分为两种：饱和脂肪和不饱和脂肪。不饱和脂肪在脂肪酸的碳之间至少有一个双键。在双键中，两对电子被两个原子共享。这使得双键比单键强韧得多。饱和脂肪没有双键，它比不饱和脂肪含有更多的氢。脂肪有不同的特性，取决于它们的脂肪酸是饱和的还是不饱和的。例如，饱和脂肪酸是典型的动物脂肪。如冬眠动物和迁徙动物体内储存了大量甘油三酯作为能量储备。脂肪的分子键中储存了大量能量。这是储存能量以供长期使用的最佳方式，因为它每克能提供9卡路里（约38焦）热量，而不是像糖一样每克只提供4卡路里（约17焦）热量。这就是为什么身体储存脂肪作为能量来源。当身体需要额外的能量时，它会分解储存脂肪。当身体不需要来自食物的能量时，它就以会脂肪的形式储存这些能量，当储存了太多脂肪时，人就会超重。

磷　脂

磷脂就像甘油三酯，但是它有两个脂肪酸链的"尾"，一个带电的基团的"头"，含有磷酸盐和氧原子。因为带电，头部是极性的，因此会是亲水的。

　　长脂肪酸尾部是非极性的，不是亲水的。磷脂的极性和非极性部分允许它们形成脂质双层。"Bi"来自拉丁语，意思是"两个"。磷脂分子排列成两层，尾部向内（彼此相对），头部向外，形成双层。其结果是形成磷脂双层，尾部埋在里

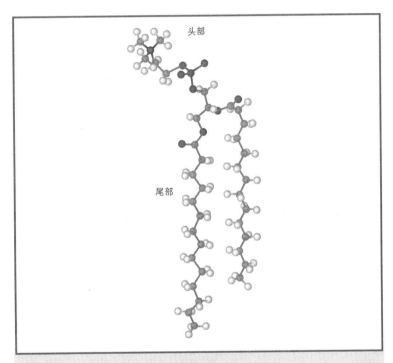

图5.2　图中显示了一个磷脂（phospholipid）分子，它有一个含有磷酸和氧原子的头部和一个由两条脂肪酸链组成的尾部。头部有极性或带电的原子，因此它们"亲"水。这包括磷酸盐、氧和氮。尾部的碳原子链是非极性的，因此它们"疏"水

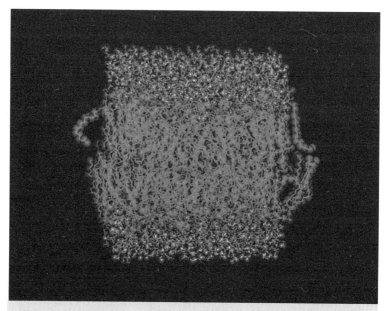

图5.3　在脂质双层中，脂质分子排列成碳尾，在双层内部面向彼此，而它们的头面向外部。脂质头部的极性原子可以与水分子形成氢键

面，头部的极性原子朝外，在那里它们可以与水和其他分子形成氢键。

　　细胞膜由磷脂双层组成，像水和氧这样的小分子可以通过。对于较大的分子，细胞膜中有较大的蛋白质，作为运输物质进出细胞的通道。

　　细胞膜的一个重要特征是半透性的，这意味着有些物质可以穿过它们，但其他物质不能。这样，细胞就可以控制它需要的物质（营养物质、氧、水）进入和排出（反应产生的废物）。

蜡

　　蜡也是具有长碳链的脂质。本质上，它们主要被用作保护涂层和结构涂层。蜜蜂合成蜂蜡来建造蜂巢的墙壁。

　　一些植物的叶子外面有蜡，使它们拥有一个闪亮的外观。蜡有助于减少水分的蒸发。鸟类的羽毛和一些动物的皮毛有蜡质的覆盖层，可以防水。人类使用蜡的原因也是一样的：他们给滑雪板、汽车和房子的地板涂蜡，以保护它们免受水和灰尘的侵害。

决定性因素：蜡

　　在奥运会这样的世界级赛事中，夺得金牌和被淘汰出局的差距往往只有百分之一秒。而对于滑雪比赛参与者来说，使用什么类型的滑雪蜡来减少滑雪板在雪地上的摩擦力，也是决定比赛胜

负的关键因素。

　　蜡的使用类型通常由团队中专业的蜡技术人员来决定。技术人员工作的基本内容之一是检查各大比赛场地的雪况。他们会在显微镜下观察雪晶以确定它们的大小和湿度。尽管下坡和越野赛道上的雪在电视上看起来非常光滑，但在显微镜下它们是由不同含水量的边缘粗糙的晶体组成。根据观测结果，技术人员将不同的蜡混合在一起，并添加一些属于严格保密范畴的秘密成分，然后在赛场不同的天气和雪地条件下进行测试以达到最佳使用效果。

　　在大型滑雪活动的前一天晚上，他们会谨慎地根据比赛当天的天气来为滑雪板涂抹适当的蜡。而且因为天气的不可预测性，他们还会准备一块涂抹了适合其他天气的蜡的备用板，比如，备用板比赛事板更适合可能变得更湿润的雪地条件。所有的调整和准备都是为了减少滑雪板和雪之间的摩擦力，以让滑雪者能够获得几毫秒的时间优势。

　　通常情况下：当天气寒冷、雪质坚硬时，滑雪者会使用硬蜡使滑雪板更能抵抗锋利的冰晶；在较为潮湿的雪地环境下，他们会使用较软的蜡来排斥滑雪板产生的融水。因为在潮湿的雪地环境下，很有可能融化的雪水会粘在滑雪板上，就像装着冰水的杯子粘在玻璃桌上一样。这种状况会迫使滑雪者付出更多的能量来驱使滑雪板前进。这种在比赛中的额外付出很有可能导致失掉一枚奥运奖牌。

类固醇

类固醇是一类重要的脂质。它们主要以激素（hormone）的形式出现在动物体内，激素是身体合成的用于协调某些细胞或器官活动的化学物质。类固醇分子都有一个基本的四环结构：一个五碳环，三个六碳环。

类固醇有很多种。其中，胆固醇（cholesterol）是一种蜡状脂肪物质，存在于身体所有细胞中，是一种固醇（sterol），意思是脂质和类固醇的组合。它有两个主要作用：第一，它是细胞膜的组成部分；第二，它被人体用来合成激素。

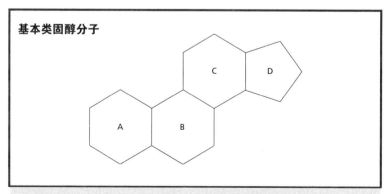

基本类固醇分子

图5.4 类固醇的基本化学结构：三个六碳环和一个五碳环

人体内众多的激素中有产生两性差异的性激素（sex hormone）；这些激素也在生殖中发挥作用。它们包括睾酮（testosterone），一种雄性激素；雌二醇（estradiol），一种雌性激素；孕酮（progesterone），与怀孕有关的一种激素。另一类类固醇是合成代谢类固醇（anabolic steroid），即来源于睾酮的肌肉生长激素。它们有时被健美运动员或在竞技运动中滥用。已有研究表明，滥用合成代谢类固醇可导致诸多的副作用，包括一些影响外表的后果，如男性出现痤疮和乳房发育现象。这些副作用也可能危及生命，如导致肝癌和诱发心脏病。

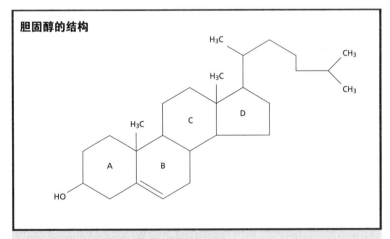

胆固醇的结构

图5.5　胆固醇是由脂质和类固醇构成的

维生素

维生素（vitamin）是存在于食物中的微营养素，对生长和保持健康至关重要。维生素有很多，它们被分成两类：水溶性维生素（water-soluble vitamin），包括维生素B和维生素C；脂溶性维生素（fat-soluble vitamin）包括维生素A、维生素D、维生素E和维生素K。脂溶性维生素也是脂质。

这两类维生素都是人体所需要的，但存在很多不同。例如，相比脂溶性维生素，烹饪更能破坏水溶性维生素。另一个区别是脂溶性维生素像脂肪一样由身体储存，而水溶性维生素很容易随尿液排出。脂溶性维生素因此会积累到很高的水平，可能会变得对人体有害。

大约发现于100年前的维生素A是生物化学家发现的第一种维生素。这就是为什么它被称为"A"。它对身体的正常生长和发育是必不可少的，尤其是骨骼和牙齿。它还保护黏膜免受感染，是拥有正常视力、健康皮肤和头发所必需的。富含维生素A的食物包括牛奶、胡萝卜、蛋黄和菠菜。牛奶、牛肉和沙丁鱼中含有维生素D，有助于身体吸收钙来增强骨骼和牙齿健康。坚果、油和绿叶蔬菜中含有维生素E，维生素E可以保护细胞免受损伤，也有助于伤口愈合。维生素K也存在于一些油和绿叶蔬菜中，是骨骼正常生长所必需的，也是血液正常凝固所必需的。

碳水化合物：生物体的能量

　　碳水化合物之所以得名，是因为这些分子是由碳原子（carbon）与氧和氢原子结合而形成的氢氧根（水合物，hydrate）组成的。碳水化合物是生物体的主要能源。它们还是一种结构成分。例如，植物和木材的细胞壁都是由一种叫做纤维素的碳水化合物构成的。事实上，植物的大部分质量来自某一种或另一种碳水化合物。根据结构，可将碳水化合物划分为不同类别。最简单的糖，如葡萄糖，被称为单糖（monosaccharide）。由两个结合在一起的单糖组成的分子称为二糖（disaccharide）。"糖类"（saccharide）这个词来自拉丁语"蔗糖"（saccharum），意思是"糖"。由两个以上单糖组成的分子称为多糖（polysaccharide）。糖极易溶于水，正如你往一杯茶中加入一勺糖所看到的那样。

葡萄糖的结构

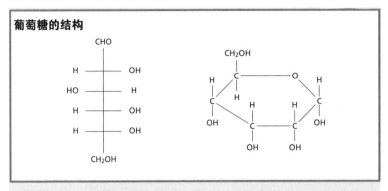

图6.1 葡萄糖是单糖。它有两种结构：直链结构（左）和环状结构（右）

单 糖

葡萄糖（glucose）是最重要的单糖，分子式为$C_6H_{12}O_6$。食物中的大多数碳水化合物在消化过程中被分解成葡萄糖。葡萄糖被人体用来合成所需的所有其他碳水化合物，例如糖原（glycogen），一种存在于肝脏和肌肉中的能量储存化合物。葡萄糖也可以用于合成人体内氨基酸和其他所需的化合物。

其他常见的单糖有果糖（fructose）和半乳糖（galactose）：果糖是水果和蜂蜜中的糖，也用作食品的防腐剂；半乳糖存在于牛奶中。蔗糖（sucrose），或称食糖，是由葡萄糖和果糖分子结合在一起构成的二糖。糖的化学名称总是以"–ose"结尾。

多　糖

多糖是由数百个简单的糖分子（单糖）结合在一起构成的大分子。最重要的多糖是淀粉、纤维素和糖原。

淀　粉

淀粉由葡萄糖分子的长链组成，不溶于水。

（绿色）植物和一些藻类以淀粉的形式储存食物。在植物中，淀粉主要存在于种子和根中，也存在于茎、叶、果

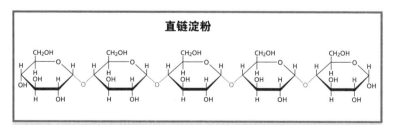

图6.2　直链淀粉是长粒大米中所含的一种淀粉

实甚至花粉中。谷物种子，如玉米粒，含有高达75%的淀粉。因此，它是人类饮食中碳水化合物的重要组成部分，对人体来说也是非常好的能量来源。淀粉存在于谷物、意大利面和土豆等食物中，玉米淀粉被用来增稠酱汁。浆洗淀粉是一种液态淀粉，用于使衬衫的衣领和袖子挺括。使用它的一个优点是污垢和汗水会黏在淀粉上，而不是衬衫纺织纤维上，从而使得"衣领圈"污渍很容易随淀粉一起被洗掉。

纤维素

纤维素是支撑或保护植物的碳水化合物。像淀粉一样，它是由葡萄糖的重复单元组成的。纤维素中葡萄糖分子之间的化学键不同于淀粉中的化学键。这很重要。因为人体内的酶可以破坏淀粉中的键来产生葡萄糖，但是它们不能通过破坏纤维素键来产生葡萄糖。这就是为什么谷物或玉米（淀粉）可以食用，而木材（纤维素）不能。白蚁可以"吃木头"，因为它们体内含有特定的微生物，这些微生物中含有能消化木头的细菌。这些细菌能产生破坏纤维素中化学键的酶。

纤维素是大多数植物细胞壁的主要结构成分，也是木材、棉花和其他纺织纤维（如亚麻和大麻）的主要成分。

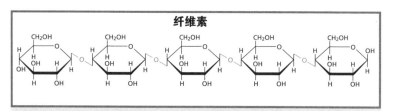

图6.3 纤维素是一种用于制造植物细胞壁的多糖

利用纤维素的历史和人类进化的历史一样悠久。例如，从埃及法老的坟墓中发现了精美的衣服和棉花。今天，纤维素及其衍生物被用于纸的工业制造，也在化学工业中用作稳定剂（stabilizer）、分散剂（dispersing agent）、增稠剂（thickener）和胶凝剂（gelling agent）。纤维素也是膳食纤维的一种成分。

糖 原

正如植物将葡萄糖储存为淀粉一样，包括人类在内的动物也将葡萄糖储存为糖原。糖原主要在肝脏和肌肉中合成和储存。像淀粉和纤维素一样，糖原由葡萄糖分子的长链组成。

植物制造淀粉，而动物以植物本身或其产物为食。当食物被消化时，其中所含的淀粉被分解成单糖。主要产物是葡萄糖，它可以被身体立即转化为能量，或者在肝脏和肌肉中

从碳水化合物到面包、啤酒和葡萄酒

发酵是将糖化学转化为酒精或酸。酒精发酵是由一种叫做酵母的真菌和一些细菌完成的。酵母将葡萄糖（$C_6H_{12}O_6$）转化为乙醇（C_2H_5OH）和二氧化碳（CO_2）气体：

$$C_6H_{12}O_6 \rightarrow 2C_2H_5OH + 2CO_2$$

长期以来，人类一直利用发酵来制作面包、啤酒和葡萄酒。在面包制作过程中，二氧化碳被困在小麦中的、被称为麸质的长蛋白质分子之间。因为二氧化碳是一种气体，所以它的存在会导致面包膨胀，就像往气球里面吹气一样。烘烤面包时，乙醇从混合物中蒸发，赋予面包美妙的气味。在啤酒和葡萄酒酿造中，收集的乙醇用于制作所需的酒精，而二氧化碳则起着使这些饮料起泡（碳酸化）的作用。

碳水化合物的来源决定了啤酒或葡萄酒必定通过发酵制作而成。啤酒是由谷物作为制作原料的，例如大麦、小麦或黑麦。这些谷物可以发芽，产生麦芽。酶将麦芽转化为糖，然后糖可以发酵。同时，额外添加的啤酒花——一种植物的花，赋予了啤酒其典型的苦味。葡萄酒的原料是葡萄中的糖分。收获葡萄后，将葡萄在大桶中碾碎并发生酵化反应，由此而产生的酒精就是葡萄酒。如果使用的原料是红葡萄，那么酒是红色的；如果是白葡萄，那么酒就是白色的。

转化为糖原储存。当身体需要更多能量时，糖原被特殊的酶分解成葡萄糖。

壳多糖

一种叫做壳多糖（chitin，又称几丁质）的多糖是甲壳类动物坚硬外壳的主要成分，如虾、蟹和龙虾。幼年甲壳动物生长时必须脱壳，因为壳多糖质地坚硬，不能伸缩。另一方面，壳多糖非常坚韧，提供了极好的外部保护层。

果　胶

果胶（pectin）是一种存在于植物非木质细胞壁中的多糖，它将细胞结合在一起，帮助植物吸收水分。它在水果的成熟过程中分解，这就是为什么成熟的水果是软的。果胶含量最高的水果是苹果、李子、葡萄柚和橙子。果胶通常被用作食品添加剂，尤其是果酱的增稠剂，果胶让果酱具有了果冻般的黏稠度。

肝 素

肝素（heparin）是一种由重复二糖亚单位组成的复杂多糖。它存在于肝脏和肺部。它作为一种商业药物被用于稀释血液，防止血液凝固，例如在手术过程中使用。

代谢途径：通往能量的道路

新陈代谢（metabolism）包括生物体内的所有化学反应。它来自希腊语的"metabolē"一词，意思是改变。所有生物的生命过程都需要能量。在植物中，能量来自阳光。植物也从它们生长的土壤中吸收矿物质养分。动物通过分解从环境中获得的食物中的营养物质获取所需能量。酶能把大的碳水化合物分子分解成小的葡萄糖分子，葡萄糖分子又被分解转化成能量。食物分解以释放能量是新陈代谢的一部分。

代谢反应有两种类型。分解代谢（catabolism）包括所有将大分子分解成小分子并释放能量的反应，如碳水化合物的分解。分解代谢反应也被称为破坏性代谢。合成代谢（anabolism）包括所有利用能量由小分子合成大分子的反应，如从氨基酸生成蛋白质的反应。合成代谢反应也被称为建设性代谢。

代谢途径

不同的代谢反应都有一个共同的特点：它们非常复杂，分几个步骤发生，每个步骤产生特定的物质，每个步骤都由特定的酶控制。从起始化合物到最终产物的所有步骤都称为代谢途径，因为这些反应以特定的顺序发生并产生特定的分子。我们可以把代谢途径想象成一张从一点到另一点的地图。这是一个很大的优势，因为在每一步，产物都可以采取另一种途径，这取决于细胞需要什么。另一个好处是，一些步骤是可逆的，因此细胞在管理其所有化学物质时又获得了灵活性。这就好比可以选择不同的路线或街道到达目的地，如果途中想起忘带了什么，你可以随时回家去取。

消 化

消化是一个代谢过程，其特征是分解代谢（破坏性）反应。它将所有食物分解成更小的分子，可以被身体细胞吸收。这一过程是必需的，因为食物的分子太大，不能进入血液。消化后，产生的较小分子可以进入血流，并被携带到全身的各个细胞中。

消化后较小的最终产物也构成代谢储备，包括大量的单糖如葡萄糖，来自脂质或脂肪分解的脂肪酸，以及由蛋白质分解产生的氨基酸。代谢储备中所有简单的分子都很容易进行合成代谢（建设性）和分解代谢（破坏性）。

食物中的碳水化合物、蛋白质和脂类大多具有复杂的形式。例如，碳水化合物以二糖（如蔗糖）或多糖（如淀粉）的形式存在。消化的第一步是将较大的、不溶性分子分解成

线粒体：细胞的发电站

线粒体存在于所有细胞中。在细胞质中发现的这些结构被光滑的外膜和内膜包围着。与外膜的光滑相反的是，内膜存在着包含电子传递化合物的深褶皱。这些深褶皱被称为嵴，也是大多数腺苷三磷酸（ATP）在细胞呼吸的最后阶段被生成的地方。线粒体被称为细胞的发电厂，因为它们是为大多数细胞活动提供能量的ATP生成场所。

线粒体存在着不同的形状，这取决于它们所在的细胞类型。细胞中存在的线粒体数量也因细胞类型而异，范围可以从单个大线粒体横跨到数千个不等。内膜内部的区域被称为基质。这里是将丙酮酸转化为二氧化碳和能量的克雷布斯循环（Krebs cycle）发生的地方，因此含有大量的酶。线粒体含有核糖体：一种由核糖核酸（RNA）和蛋白质组成的小颗粒，同时也是蛋白质合成的场所。线粒体同样也拥有自己特殊的DNA。

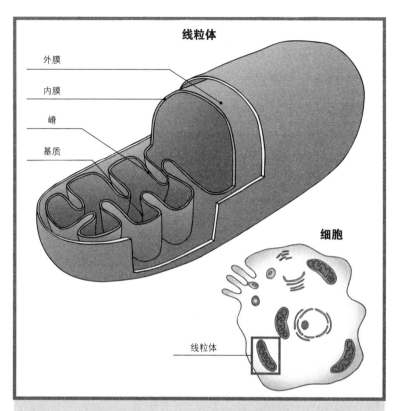

图7.1 线粒体存在于所有细胞中，同时自身含有很多结构。这些结构包括嵴，嵴是大多数腺苷三磷酸（ATP）在细胞呼吸的最后阶段被生成的地方。因为线粒体也是生成ATP的地方，所以也被称为细胞发电站

较小的、可溶的形式，这些形式的物质可以通过肠壁被输送到血液中，然后进入组织中。

食物从在口腔咀嚼时开始分解。咀嚼使唾液混合到食物中。唾液含有淀粉酶（amylase），淀粉酶开始消化淀粉。

咀嚼和吞咽后，食物就会到达胃，在胃中存在的酸有助于进一步降解食物。各种酶也参与了分解过程。蛋白酶开始分解蛋白质，脂肪酶开始分解脂肪。整个混合物，这时叫做食糜（chyme），移动到小肠。在小肠中，其他酶将食物中的营养物质分解成葡萄糖、氨基酸和脂肪酸，这些物质可以通过肠壁运输到血流中，最终被输送到身体的所有细胞中。

ATP

ATP，或腺苷三磷酸，是生物用来储存葡萄糖和其他化合物分解释放能量的化合物。ATP是由一种叫做ADP，或腺苷二磷酸（adenosine diphosphate）的较小化合物与磷酸基团结合形成的。一个磷酸基团（Pi）包含四个与磷原子结合的氧原子。为了与磷酸基团结合，ADP需要能量：

$$ADP + Pi + 能量 \rightarrow ATP$$

逆反应产生ADP并释放能量：

$$ATP \rightarrow ADP + 能量 + Pi$$

在细胞中，制造ATP所需的能量来自葡萄糖、糖原、脂肪酸等。当ATP分子产生时，它含有一定数量细胞可以使用的某种形式的化学能。因此，当细胞需要能量时，它可以通过分解储存的ATP获得能量。

什么是乳酸？

　　为了保证身体的功能性，身体的肌肉使用肺部和血液提供的氧气进行细胞呼吸。然而，当肌肉在努力工作时，比如说当身体的主人跑步或举重时，肺部和血液系统供应的氧气，很有可能无法足够快地到达需要的地方以便跟上肌肉活动的需求。在这种情况下，肌肉会转向乳酸发酵。这一过程中，特殊的酶会参与并将丙酮酸的3-碳分子转化为乳酸。

　　当肌肉用力过度时，肌肉中就会积聚乳酸，这就是使肌肉酸痛（肌肉疲劳）的过程。一旦肌肉形成乳酸，它们就无法用乳酸做任何其他事情。如果氧气供应再次充足，一些乳酸就会转化回丙酮酸并分解成二氧化碳和水。其余部分被血液从肌肉中带走，最终由肝脏转化回葡萄糖。一旦乳酸被去除，肌肉就不再疼痛。这就是为什么休息是从艰苦的工作或锻炼中恢复的最佳方式。

　　一些细菌，例如酸奶中的嗜酸乳杆菌，也能进行乳酸发酵。酸奶中存在的乳酸赋予了酸奶的独特酸味。

能量途径：细胞呼吸

　　所有活细胞都通过一种叫做细胞呼吸（cellular respiration）的过程产生能量。它涉及一系列代谢途径，每个途径都有几个反应。通常情况下，细胞呼吸发生在有氧气的情况下，包括将葡萄糖分解为二氧化碳和水，以及ATP的产生。

有氧呼吸（aerobic respiration）发生在有氧气的时候，无氧呼吸（anaerobic respiration）发生在没有氧气的时候。细胞呼吸的两条途径始于相同的反应。

有氧呼吸

有氧途径包括三个系列反应：糖酵解（glycolysis）、克雷布斯循环和电子传递链（electron transport chain）。

糖酵解过程中，6-碳葡萄糖分子在一系列步骤中分解成两个3-碳化合物分子，称为丙酮酸（pyruvate）。糖酵解反应中也有两个ATP分子的净增加。

在克雷布斯循环的反应中，丙酮酸被分解成二氧化碳和水，产生另外两个ATP。它还产生被称为NADH（还原型烟酰胺腺嘌呤二核苷酸）和$FADH_2$（还原型黄素腺嘌呤二核苷酸）的能量分子。在细胞呼吸的最后反应中，NADH和$FADH_2$被用来制造更多的ATP。

电子传递链的反应产生了细胞呼吸生成的大部分ATP。这些反应发生在细胞内叫做线粒体（mitochondria）的微小结构中，并与电子的运输相关。电子传输链的最终结果是产生32个ATP分子。

无氧呼吸

无氧呼吸只有两步：糖酵解和发酵（fermentation）。糖酵解同样将葡萄糖转化为丙酮酸。但是在缺氧的情况下，发酵会将丙酮酸转化为乙醇（ethanol）、乳酸（lactic acid）或其他各种产物，这取决于所涉及的生物体。

细胞在无氧条件下产生能量的能力非常重要。例如，当高水平消耗氧气时，如在长时间剧烈运动时，仍然可以产生一些 ATP。在厌氧呼吸中，葡萄糖的大部分能量仍然存在于发酵的最终产物乙醇或乳酸中。

其他代谢途径

细胞中发生的所有化学反应都以分步骤进行代谢途径的形式发生。它们都是由酶控制的，在一条途径的每一步中产生的每一种产物都可以沿着这条途径进一步加工，或者转移到另一条途径，这取决于细胞需要什么。其他一些代谢途径如下：

脂肪酸氧化（fatty acid oxidation）：这条途径通过氧化反应产生脂肪酸。

糖异生（gluconeogenesis）：这条途径从非碳水化合物的含碳分子中产生葡萄糖。例如，它可以将丙酮酸转化为葡萄糖，与糖酵解相反。

卟啉途径（porphyrin pathway）：这条途径产生非常重要的分子，称为卟啉（porphyrin），这些分子被用来制造另一种分子，称为血红素（heme）。血红素可以结合氧气。血红素是运输或储存氧气的氧结合蛋白，如血红蛋白和肌红蛋白所需要的。

尿素循环（urea cycle）：这条途径将氨，一种蛋白质代谢的有毒含氮废物，转化为另一种毒性较小的分子，称为尿素（urea），以尿液的形式从体内排出。

生物化学里程碑（1）

生物化学的研究始于大约400年前。但是直到1903年，德国化学家卡尔·诺伊伯（Carl Neuber）认识到生命化学是一个如此宽泛的研究领域，不能再被视为单纯的化学分支时，它才得以被单独命名为"生物化学"。

早在18世纪后期，人们就已经知道分解食物需要胃分泌物。同时人们也已经发现植物提取物可以将淀粉转化为糖。然而，人

们依然不明白这些过程的确切性质。那时的人们还确信生物体与非生物材料所遵守的科学准则是不同的。例如，人们认为只有生物才能产生生命分子。

1828 年，德国化学家弗里德里希·沃勒（Friedrich Wöhler）在实验室中成功生产出一种被称为尿素的分子。尿素是体内蛋白质分解的废物。这证实了人体制造的化合物也可以通过人工合成来得到。

与此同时，法国化学家路易斯·巴斯德（Louis Pasteur）正在研究酵母将糖发酵成酒精的过程。具体来说，他想知道为什么有些葡萄酒在发酵过程中会变酸。在那个时候，大众公认的观点是发酵只是将糖分解成糖的组成成分，而这些成分中包括了酒精。巴斯德首先表明发酵需要酵母中的一种生命活力，他将其称为"碎片"。他在显微镜下观察变酸的葡萄酒，发现与没有变酸的酒不同的是，它还含有杆状微生物。为防止葡萄酒变酸，巴斯德将发酵后的葡萄酒加热至 50℃（122 ℉）。今天，这种加热过程称为"巴氏杀菌"，因为被加热破坏的小杆状生物就是细菌。

1878 年，巴斯德发现的"碎片"被德国生理学家威廉·屈内（Wilhelm Kühne）命名为酶。1897 年，德国化学家爱德华·比希纳（Eduard Büchner）意外发现酵母汁可以将蔗糖转化为乙醇。他证明了即使混合物中没有活酵母细胞，糖也能发酵。比希纳命名了催化蔗糖发酵的物质为"酿酶"。1907 年，比希纳获得诺贝尔化学奖；而随后 40 年的生物化学研究则进一步展现了发酵化学反应中的各类细节。

代谢紊乱

因为酶在所有代谢途径的反应中都是必需的，酶缺失或受损可能导致代谢紊乱，这意味着该途径不再能正常通行，因为一系列必需的反应中断了。当这种情况发生时，细胞可能含有某些物质过多或过少。例如，一种叫做苯丙酮尿症（phenylketonuria）的疾病是因为缺乏苯丙氨酸羟化酶（phenylalanine hydroxylase）引起的。这种酶能将氨基酸的一种——苯丙氨酸转化为另一种氨基酸，酪氨酸。当酶缺失时，苯丙氨酸不能转化为酪氨酸。相反，苯丙氨酸在体内积聚，严重影响正常的大脑发育，其结果就是智力低下。

另一个例子是酸性脂酶疾病，当人体中缺乏或缺失分解脂肪所需的酸性脂肪酶时就会发生这类疾病。患病结果是脂肪在细胞和组织中的有毒积聚。这些脂肪多为脂质物质，包括蜡、油和胆固醇。

卟啉病（porphyria）是一种由身体不能制造卟啉环引起的疾病。卟啉环的生产有八个步骤，每个步骤都需要一种特定的酶。根据缺少的酶的种类，卟啉病被分为不同的种类。患有卟啉病的人不能合成正常的血红蛋白，血红蛋白负责在血液中携带氧气。

大多数代谢紊乱都是遗传的，这意味着它们是由父母通

过缺陷基因传给后代的。此外，它们没有治愈方法，通常用
药物和特殊的饮食来治疗，以补充缺失的物质或清除累积的
有毒物质。

Chapters

第**8**章

光合作用

大约30亿年前，地球经历了一次巨大的变化。在那之前，生命形式依赖于当地环境中有限的资源，比如闪电产生的有机分子或温泉中的有机分子。然而，这些资源被迅速地耗尽。一切都随着细胞的进化而改变，细胞可以利用阳光中的能量来合成营养物质。这个新的过程——光合作用（photosynthesis）——最终改变了大气，并使得今天地球上生命形式的巨大多样性成为可能。

地球生命的基础

今天，光合作用是地球上生命的基础，提供食物和氧气。在光合作用中，植物获取一种形式的能量（光），并将其转化为它们可以利用的一种化学能形式：糖。光合作用一词的意思是"用光制造"。只有植物、藻类和几种细菌才能进行这种反应。光合生物利用阳光中的能量将二氧化碳（CO_2）和水（H_2O）结合起来生成葡萄糖（$C_6H_{12}O_6$）。氧气（O_2）作为反应的废物被排出。大气中所有的氧气都是通过光合作用产生的。反应如下：

$$6CO_2 + 6H_2O + 光 \rightarrow C_6H_{12}O_6 + 6O_2$$

二氧化碳来自空气，水来自植物生长的土壤。当给植物浇水或下雨时，水进入根部，并被称为木质部（xylem）的植物细胞输送到叶片中。为了防止干燥，叶子有一种叫做气孔（stomata）的结构，允许气体进出。"stomata"一词来自希腊语，意思是"洞"。光合作用中产生的二氧化碳和氧气都通过开放的气孔进出叶片。

叶绿体

　　光合作用发生在植物细胞内被称为叶绿体（chloroplast）的特殊结构中。动物细胞没有叶绿体。一个典型的植物细胞可能含有多达50个叶绿体。它们有双层外膜来保护它们的内含物。外膜是可渗透的，这意味着它能让分子通过。但是内膜是半透性的——它含有能够控制哪些物质进出的蛋白质。例如，叶绿体制造糖所需的分子被允许进入，产生的葡萄糖被允许离开细胞。叶绿体内还有其他结构，如类囊体（thylakoid）和基粒（grana，单数形式为granum），光合作用在这里发生。

　　叶绿素（chlorophyll）是为光合作用捕捉光能的绿色色素。

光

　　光是电磁波谱的一部分，它比人们想象的更为常见。除去可见光外，电磁波谱还包括无线电波、微波、红外线、紫外线和X射线。人类能够感知到的电磁波谱只有可见光。

　　看起来无色的阳光是电磁波谱可见范围内所有颜色的混合：从一端的红色和橙色，到另一端的蓝色和紫色。这些色彩可以通过白光照射棱镜来分离出白色光线中的色彩。光具有波动性，每一种颜色实际上都对应着不同波长的光，有的波长更长，有的波长更短。波长是通过测量波的两个波峰之间的距离而得，红色波长比蓝色波长更长。波长越长，光的能量就越少。因此，红光中的能量较少而蓝光中的能量较多。波长长于可见红光的被称为红外线，而短于紫光的被称为紫外线（UV）。防晒霜能够保护皮肤免受阳光中紫外线的辐射伤害。

　　特殊分子可以吸收可见光谱波长的光能，也可以释放光能。这些分子被称为"色素"或根据希腊语"chromo"（颜色）来称为"发色团"。光合作用中的主要色素是叶绿素；它们呈现绿色是因为它们强烈吸收除绿色以外的所有颜色（波长），并向外反射绿色。由于绿色被反射出来，所以人类能够肉眼观察到绿色。当然，也存在着其他植物色素，比如类胡萝卜素。

　　和叶绿素不同，类胡萝卜素不吸收来自电磁波谱中红—橙色区域的光，所以它们呈现红橙色。然而，叶绿素的吸收能力是如此的强烈，以至于它掩盖了类胡萝卜素的颜色——因为类胡萝卜素的颜色要比叶绿素的绿色浅得多。类胡萝卜素的颜色只有在秋季叶子中的叶绿素含量减少时才会显现出来。因此，秋季树木会变成红色、橙色或者金棕色。

图8.1　叶绿素是捕捉光能用于光合作用的绿色色素。叶绿素反射绿光而不是吸收绿光，这就是含有叶绿素的植物呈现绿色的原因

　　叶绿素也存在于绿藻中。光合细菌（photosynthetic bacteria）有一种被修饰的叶绿素，叫做细菌叶绿素（bateriochlorophyll）。

　　所有叶绿素都由一个扁平的碳原子环组成，称为卟啉，围绕着一个中心镁离子。叶绿素主要有两种，即叶绿素a和叶绿素b。它们的卟啉环上有不同的化学基团。这些基团允许叶绿素吸收不同波长的可见光，因此叶绿素a不能很好吸收的光能可以被叶绿素b吸收。这两种叶绿素一起从阳光中吸收能量。

　　叶绿体中的光合作用机制发生在类囊体膜系统中，这些膜堆叠成被称为基粒的阵列。基粒看起来像一堆硬币。类囊体膜拥有含有叶绿素的酶和蛋白质组件。这两种蛋白质组件称为光系统一和光系统二。这些组件吸收光的能量。

光合作用的反应

在光合作用的第一组反应中，叶绿素捕捉光能。这种能量在叶绿素中产生一些高能电子。来自这些电子的能量被用来产生ATP和另一种高能载体——NADPH。在第一阶段的另一个反应中，水被分解成氢和氧。水中的低能电子取代了叶绿素中的低能电子，氧气泡就被释放出来。这个反应产生的氧气是我们呼吸的空气中所有氧气的来源。

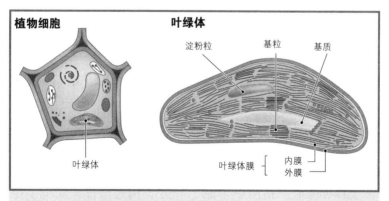

图8.2 叶绿体是植物细胞进行光合作用的场所

在光合作用的第二组反应中，碳水化合物由二氧化碳和氢气（来自NADPH）合成。第一组光合作用反应产生的ATP和NADPH为这些反应提供能量。

光合作用和生物技术

生物技术包括使用生物技术或有机体开发新产品的所有技术。光作为一种能源有一个很大的优势：无论何时何地只要阳光普照，它都是清洁的而且可被获取的。由于石油等化石燃料的贮存量有限，以及人们对有害物二氧化碳排放的日益关注，开发并利用太阳能的技术现已成为当务之急。

目前大多数的太阳能技术使用硅材料来获取太阳能，于是就有了一种高效的太阳能电池，但是该电池的生产过程耗能很高。这就是光合作用可以发挥作用的地方。受植物将阳光转化为糖的效率的启发，科学家们现在已经开始制造利用光合蛋白质将光转化为电的太阳能电池。

光合作用也可以应用到比制造太阳能电池更多的领域，用于能量转换。例如，光系统和相关分子可以用在纳米技术中，纳米技术包括用单个原子和分子构建器件，如电子电路。许多叶绿素样色素也被用于肿瘤检测，因为它们往往在

光的双重性质

　　光既是波又是粒子，因此具有双重性质。当光表现的同波一样，则它具有波长和频率。当它的行为表现得像粒子时，则它可以被描述成行进中的含有离散能量的小包。光的粒子称为光子。叶绿素中某些电子吸收的阳光光子中的能量是启动光合作用第一阶段的动力。

　　在真空中，光以恒定速度传播，$c = 2.998 \times 10^8$（米/秒）[6.7×10^8（英里每小时）]。如果光在空气或水中传播，则会因摩擦而减慢速度。光的一些重要特性如下。

　　吸收：光可以被不同的材料吸收。这一现象是怎样发生的呢？物质由原子组成，所有原子都与它们的电子一起振动，振动的程度取决于它们是什么类型的原子。有些原子比其他原子振动的频率更高，因此它们也具有更高的能量水平。光被物质吸收时必须满足一个条件：入射光波的频率必须等于或接近物体的振动能级。如此，材料中的电子才能够吸收光波的能量并改变它们的能量状态。

　　反射：当入射光频率与材料的振动频率不匹配时，材料将无法吸收光。电子会稍微振动，然后以与入射波相同的频率将能量发射回去，就如同球从墙上弹起一样。

　　折射：当光波穿透无法吸收它们的材料时会发生折射。在发生折射时，光波只是简单地穿过材料然后出现在材料的另一边。在发生的过程中，光波在材料内部会被减慢速度，这导致了光波在材料内部发生弯曲效应，因此它们出来时候的角度与进入时的角度会发生变化。不同能量的光弯曲的程度和角度也不同。例如，紫色光含有更多能量，所以在材料内部它被减缓的程度会高于红色光，而且弯曲的程度也更严重。这就是为什么我们在彩虹中看到的颜色顺序是从红色（能量较少）开始到紫色（能量较多）结束。

肿瘤细胞中比在正常细胞中积累更多。由于它们具有很强的荧光性，所以很容易被检测到。

生物化学里程碑（2）

　　1926年，美国化学家詹姆斯·B.萨姆纳（James B. Sumner）证明酶是纯蛋白质，并且是可结晶的。从事消化酶研究的约翰·H.诺思罗普（John H. Northrop）和温德尔·M.斯坦利（Wendell M. Stanley）最终证明了酶的化学本质是蛋白质这一事实。萨姆纳、诺思罗普和斯坦利因为他们的研究而获得1946年的诺贝尔化学奖。酶晶体可以生长的发现，最终使得它们实际存在的三维结构可以通过X射线晶体学来进行确认。肌红蛋白是英国科学家马克斯·佩鲁茨（Max Perutz）和约翰·肯德鲁爵士（Sir John Kendrew）于1958年通过X射线晶体学解析出的第一个蛋白质结构。1959年，佩鲁茨还成功解析了血红蛋白的结构，这使两位科学家分享了1962年的诺贝尔奖化学奖。

　　所有这些发现，尤其是在20世纪下半叶的发现，都是由于新技术的发展而实现的，例如凝胶电泳、色谱、X射线衍射、核磁共振光谱和电子显微镜一类的新技术。结合新的分离和纯化方法，这些新技术能够帮助生物化学家发现和研究数量持续不断增加的生物分子。美国生物化学家莱纳斯·鲍林（Linus Pauling）发现了蛋白质中的螺旋和片层结构模式，并因此在1954年获得诺贝尔化学奖。1958年，剑桥大学生物化学家弗雷德里克·桑格（Fredrick Sanger）因发现蛋白质测序技术，并由此测试出第一种蛋白质的氨基酸排列顺序而获得诺贝尔化学奖。

新的研究方法和途径还为研究糖酵解一类的代谢途径提供了便利。

或许应该说最著名的"代谢"生物化学家非英籍德裔科学家汉斯·克雷布斯（Hans Krebs）莫属，他在许多代谢途径和反应机制的研究领域做出了重要贡献。由于发现了克雷布斯循环，他因此获得了1953年的诺贝尔生理学或医学奖。

与此同时，酶学领域的新发现也加快了速度，特别是在细胞代谢研究方面。这使随后的DNA和基因研究的新发现成为可能。

核酸领域的惊人发现始于英国科学家弗朗西斯·克里克（Francis Crick）、詹姆斯·沃森，（James Watson）和莫里斯·威尔金斯（Maurice Wilkins）的工作。他们第一次将DNA的分子结构描述为由两条扭曲的链组成的双螺旋结构。由于他们的发现，他们共同获得了1962年的诺贝尔生理学或医学奖。

图8.3 莱纳斯·鲍林（Linus Pauling）也因其为结束核武器露天试验所做的努力而获得1962年的诺贝尔和平奖，使他成为唯一两次单独获得诺贝尔奖的人

人类基因组计划

　　基因（gene）是携带制造特定蛋白质或蛋白质组的指令的DNA单位。有机体中的整套基因是它的基因组。人类基因组包含20 000到25 000个基因，每个基因编码大约三种蛋白质。这些基因位于细胞核内的23对染色体上。它们在酶和信使分子，如信使RNA的帮助下指导蛋白质的生成。基因DNA中的信息被复制到信使RNA中。然后，信使RNA从细胞核中运出，这样它的基因信息就可以被叫做核糖体（ribosome）的小细胞结构读取。核糖体利用基因中的遗传密码以特定的顺序连接氨基酸，这是制造特定蛋白质的第一步。

人类基因组

　　人体内几乎所有的细胞都含有构成人类基因组的大约30亿个DNA碱基对的完整拷贝。通过四个字母的代码，DNA构建了整个人体所需的所有信息。最先被绘制的基因组包括黑猩猩、小鼠、大鼠、河豚、果蝇、蛔虫、面包酵母和大肠杆菌（Escherichia coli）。截至2014年4月，超过18700个物种的基因组完全已知。

　　人类基因组计划（HGP）是一个国际研究项目，其目标是绘制全部人类基因图谱并对人类DNA进行测序。该研究由美国国家卫生研究院（NIH）和美国国家人类基因组研究所指导。2003年4月，完成了完整的人类基因组测序，现在可以在公共数据库中免费获取。该项目取得了巨大的成功，比原计划提前两年多完成。

　　人类基因组计划使用的DNA序列不是一个人的，而是多个人组合成的DNA；因此，这是一个具有代表性的人类DNA序列。在这个项目中，DNA来自匿名捐赠者。从志愿者身上采集的血样比实际使用的要多，而且分析的血样上没有名字。因此，即使是捐赠者也不知道他们的DNA样本是否真的被使用过。

基因图谱

除了对人类基因组进行测序外，人类基因组计划还致力于开发可以广泛用于生物医学的新工具和新方法。例如，人们研究出了新方法来发现基因变化，这些基因变化会增加特定疾病（如癌症）的患病风险。人们也发明了其他技术手段来寻找异常细胞（例如肿瘤细胞）中出现的基因突变类型。

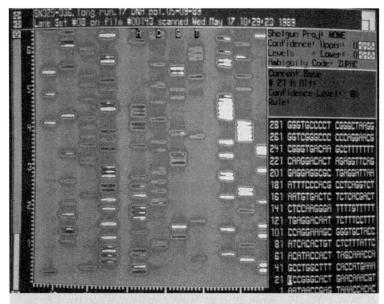

图9.1　人类基因组计划在2003年开发了新的工具（如图所示的计算机程序）完成了人类基因组测序。该程序提供了一种自动方法，可对从人类染色体中提取的DNA片段中的碱基对序列进行解码

人们研发的这些工具之一是绘制基因图谱，用来定位特定基因在染色体上的位置。绘制基因图谱是分离基因的第一步。基因图谱用确凿的证据证明，父母遗传给子女的疾病与一个或多个基因有关。它还能帮助人们分辨包含缺陷基因的染色体以及缺陷基因在该染色体上确切位置。

为了绘制基因图谱，科学家们从患有某种疾病的人身上采集血样或组织样本。科学家利用各种实验室技术从这些样本中分离出DNA，检查只在患有这种疾病的家庭成员身上存在的碱基模式。通过这种方法，他们可以识别出致病的缺陷基因。

人们已经成功地利用基因图谱寻找罕见遗传性疾病（如囊性纤维化和肌肉萎缩症）的致病单个基因。科学家们正利用这些图谱来研究与更常见疾病（如哮喘、心脏病、糖尿病、失明和癌症）相关的基因。

DNA测序

DNA测序是指测定一条DNA链上碱基的准确顺序。放到人类基因组计划中，就意味着要测定30亿个化学结构单元的精确顺序，这些结构单元组成了人类染色体DNA。因为碱基是两两相对的，因此生化学家只需要识别双链DNA分子其中一条链上的碱基。

首先，必须从组织样本中提取出染色体并将其分割成多个片段，这些染色体中含有5 000万到2.5亿个的碱基。然后，将每个片段当作模板，生成一个由四个片段组成的集合，每个片段的长度相差一个碱基。将每个片段上最后一个碱基用荧光标记。再使用一种叫做凝胶电泳的技术来分离一组片段。凝胶电泳是一种把样本放在凝胶上分离分子的方法。因为样本中的一些成分比另一些成分体积小，所以在凝胶上移动地更快，因此通电后，样本中的成分会相互分离。接下来，让每个单独的片段通过一个读取荧光标记的检测器。然后，计算机通过识别每个片段的大小和在其末端检测到的特殊荧光信号来重建长DNA链的整个序列。

DNA芯片

突变是指一种特定基因DNA的改变，有些突变会导致疾病。然而，人们很难检测到这些突变，因为大多数大型基因都有许多可能发生突变的区域。DNA芯片是正在研发的识别突变的新工具。它就是一个带有人工DNA的芯片，

DNA上携带特定基因。为了查清一个人的基因是否发生了突变，科学家首先要从这个人的血液中提取DNA样本，与对照样本（就是没有发生突变的正常DNA）进行比较。

然后将DNA样本加热，使其解开双螺旋结构，将两股DNA链分离成单链分子。接下来，将长链DNA切割成更小的片段，像测序一样用荧光染料标记。这个人的DNA用绿色染料标记，正常的DNA用红色染料标记。将两组DNA都放入芯片，并与芯片中的合成基因DNA结合。如果这个人的基因没有突变，红色和绿色的样本都能与芯片上的序列结合。但是如果基因发生了突变，DNA在突变所在区域就不能正常结合。最终科学家就可以确认突变的存在。

聚合酶链反应

聚合酶链反应是一种复制DNA小片段的技术。首先，将所需DNA片段样本加热，使DNA变性，并将其分成两条链，这个过程就像制备DNA芯片。接下来，利用Taq聚合酶催化合成两条新的DNA链，这样每条原始的DNA链就会与一条新的DNA链配对。这个过程促使原始DNA开始复制，每个新分子包含新旧两条DNA链。然后，这些链中的每一个条都可以用来创建两条新的DNA，以此类推。DNA变性和合成循环往复多达50次，使原始DNA片段精确复制超过10亿份。复制的DNA可以用于许多不同的实验室程序，例如可以应用于人类基因组计划的绘图工作。

基因测试

　　基因检测是指检测人的DNA，DNA样本通常取自血液样本中的细胞或其他体液或组织。检测基因是为了探寻某种疾病或功能失调的征兆。DNA的变化可能非常明显，比如在显微镜下可以看到染色体缺失或增加的片段。DNA的变化有时候也不明显，比如增加、缺失核苷酸碱基，或核苷酸碱基发生变化。基因也可能被过度表达，这意味着基因复制了太多次，或者它们可能失活或完全缺失。有时，染色体片段会发生交换，导致基因出现在错误的位置。除了检查染色体或基因外，基因检测还包括生化检测，以确定是否存在错误合成的蛋白质。这些蛋白质是基因缺陷的征兆。

基因治疗

基因治疗背后的理念是通过将正常形式的基因插入患者的细胞，来治疗由缺陷基因引发的疾病。如果基因疗法可行，那么它可以治愈许多目前难以治疗的疾病。

在这种情况下，患有B型血友病的患者将会最先受益于基因治疗。血友病是一种血液疾病。患有血友病的人们往往会在最轻微的伤害后大量失血，因为他们的血液中缺乏被称为凝血因子的特殊蛋白质———一种具有止血疗效的蛋白质。这些凝血因子包含有许多蛋白质，这些蛋白质相互作用使血液凝结成块。这些蛋白质中有一种被称为第九凝血因子（Factor IX），缺乏这种凝血因子的人就会患上B型血友病。在美国，大约有3 300人患有B型血友病，另外约12 000人患有A型血友病，这是由于第八凝血因子（Factor VIII）发生基因突变而导致的。

由于B型血友病患者无法自身制造第九凝血因子，因此他们需要自行体外注射。研究人员最近完成了一项涉及三名B型血友病患者的研究。该研究的目的仅仅是为了测试基因疗法的安全性。因为根据前期在老鼠和狗身上的测试结果，他们计算出目前给予患者的基因数量太少，所以无法治愈这种疾病。但是，事实却令他们大吃一惊。他们发现三名患者中的两名患者在注射后已经开始好转，并且在好转后只需要更少的第九凝血因子注射量来达到止血目的。尽管安全性试验无法证明治疗的有效性，但这些实验中所出现的结果是令人兴奋的，因为三名患者中的两名在极低的第九凝血因子注射剂量下，展现出积极的治疗结果。

蛋白质组学

　　虽然基因组包含有机体的遗传信息，但决定有机体性质的是组成有机体的蛋白质。蛋白质提供了特殊的结构和功能，确定了特定细胞或组织的类型。蛋白质组是由特定的细胞、组织或有机体表达的所有蛋白质。

　　不同细胞产生不同蛋白质，所以不同细胞包含不同蛋白质组。此外，有缺陷的或受损的细胞，其蛋白质组与正常细胞的不同，癌细胞就是一个这样的例子。因此，蛋白质组是生物化学研究的一个重要领域，因为了解一个细胞的正常蛋白质组有助于理解疾病导致的变化。蛋白质组学是对蛋白质组的研究，其目的是了解每个活细胞中所有蛋白质的组成、结构、功能和相互作用。

生物信息学

　　生物信息学可以利用计算机，创建和维护基因组、蛋白质序列和蛋白质组的大型电子数据库。在蛋白质预测软件的辅助下，人们用计算机对基因组序列进行分析，得出成千上万种结构和功能未知的新蛋白质。人们把这些蛋白质称为假设性蛋白质，因为它们是根据基因序列推测出来的。要想知道它们是否真的存在，需要对它们进行分离、提纯，并对它们进行X射线晶体学或核磁共振（NMR）检测。因此，没有证据表明它们是否实际存在，也不知道它们有什么功能。

生物信息学计算机程序至少可以帮助人们确认功能尚不清楚的蛋白质的结构。这是通过将未知蛋白质的序列和已知三维结构的蛋白质相比较来实现的。然后，程序将未知蛋白质的特征与已知蛋白质的特征进行匹配，从而建立一个未知蛋白质结构的模型，这种模型叫做模型蛋白质。此外，当模型蛋白质的功能已知时，也可以帮助识别未知蛋白质的功能。这些预测程序无法生成X射线晶体学或核磁共振后生成的那些结构。然而，它们对快速分析全基因组中发现的大量新蛋白质非常有帮助。

生物化学的未来

20世纪初，生物化学由微生物探索者所主导，后来被酶和维生素探索者所取代。近几十年来，生物化学一直由基因探索者主导。当前的基因组时代确实代表了生物化学和医学科学历史上最具革命性的进步。人类基因组计划提供了丰富的信息，在21世纪，基因组学和蛋白质组学方面将会有更多令人兴奋的发现。

术语表

酸　一个氢被羧基（COOH）取代的碳氢化合物。酸可以在溶液中释放氢离子：$COOH \rightarrow COO^- + H^+$。

活性部位　酶分子上结合底物的区域。

需氧　需要有氧气的存在。

酒精　一个氢被羟基（OH）取代的碳氢化合物。

胺　一个氨分子中的氢原子被NH_2基取代生成的一类化合物，属于碱性，因为它能接受氢离子。

氨基酸　带有羧基和氨基的（有机）分子；是蛋白质的组成部分。

氨基　含一个氮原子和两个氢原子的官能团：NH_2。

合成代谢　代谢途径需要能量，用较小的分子合成更大、更复杂的分子。例如，从氨基酸合成蛋白质。

厌氧　在缺氧的情况下。

原子　元素中具有元素属性的最小成分。原子由原子核及其周围的带负电荷的电子组成，原子核则由带正电荷的质子和电中性的中子组成。

三磷酸腺苷　一种促进细胞化学反应的高能分子。

细菌　生活在土壤、水、有机物或动植物体内的单细胞微生物。许多细菌会导致疾病。

碱基 含氮氧化物，是构成核酸的核苷酸的组分。最常见的碱基是腺嘌呤（A）、胞嘧啶（C）、鸟嘌呤（G）、胸腺嘧啶（T）和尿嘧啶（U）。

碱基对 在核酸中，不同链上的两个碱基通过氢键相互作用；在脱氧核糖核酸（DNA）中，G与C成对，A与T成对，而在核糖核酸（RNA）中，G与C成对，A与U成对。

生物化学 研究生物体所有分子合成和功能的科学。

生物信息学 计算机在生命科学中的应用。生物信息学用于创建基因组和蛋白质序列的大型电子数据库。它还用于模拟未知生物分子的三维结构。

生物分子 生物体使用或制造的任何分子。

生物传感器 检测生物样品中特定化学物质的装置。

生物技术 任何使用生物体或生物体的一部分来制造或修饰产物的技术。

化学键 当两个原子共享或相互转移电子时，就产生了化学键。它们可以是单电子、双电子或三电子，分别包括一对、两对或三对电子。

卡路里 热量和能量的科学计量单位。1卡路里是将1克水的温度升高1摄氏度所需的能量。

碳水化合物 由碳、氢和氧组成的生化化合物，包括糖、淀粉、纤维素和糖原。

碳 符号为C的元素，存在于岩石和所有生物体内。它也是石墨、木炭和钻石的主要成分。

羧基　由一个碳原子、一个氢原子和两个氧原子组成的化学官能团：COOH。它是一个酸性基团，因为它能释放氢离子。

分解代谢　将分子和复杂化合物降解成更小、更简单的代谢途径，在此过程中释放能量。

催化剂　一种可以提高化学反应速度的物质。

细胞　生物体的基本结构单位；能够独立存活的最小（生命）单位。

细胞膜　包围细胞所有成分的半透性层。它由含有蛋白质通道的脂质双层构成，允许物质进出。

细胞壁　在植物中，包围细胞膜的刚性纤维素结构为细胞壁。在细菌中，暴露在环境中的外层为细胞壁。

细胞呼吸　所有活细胞产生能量的过程。

纤维素　一种在植物中发现的多糖，由长链葡萄糖分子组成。它维持细胞壁的结构，保护并加固植物。纤维素是地球上由生物体制造的最丰富的化合物。

化学式　表示一个化合物分子中原子种类与数量的科学式。它是用元素符号和下标的原子数写成的。二氧化碳的化学式是 CO_2，代表一个分子包含一个碳原子和两个氧原子。

壳多糖　存在于甲壳类动物如龙虾和螃蟹壳中的碳水化合物，提供支撑和保护。

叶绿素　在光合作用中能吸收光线的绿色色素。它从太阳那里获取能量，并将其转化为化学键能量。叶绿素存在于植物和藻类的叶绿体以及一些细菌中。

叶绿体　绿色植物和藻类细胞中发生光合作用的结构。

胆固醇　一种存在于动物组织和脂肪中的脂质类固醇。

染色质　细胞核中由脱氧核糖核酸和相关蛋白质组成的复合体。

染色体　细胞核中包含基因及其遗传信息的结构。它们成对出现，一个来自母方，一个来自父方。

浓度　系统中一种物质相对于其他物质的含量。

共价键　两个原子共享电子形成的化学键。

嵴　线粒体紧密折叠的内膜，三磷酸腺苷就是在这里产生的。

囊性纤维化　一种罕见的遗传疾病，影响肺部内层，导致呼吸困难和其他问题。

细胞质　细胞中，填充于细胞核和细胞膜之间的物质；它包含许多微观结构。

消化　分解食物的化学成分的过程。

二糖　一种由两个单糖组成的碳水化合物。

二硫键　蛋白质三级结构中，多肽链中半胱氨酸的两个硫原子之间形成的键。

DNA　脱氧核糖核酸，也是携带生物体遗传信息的核酸，它是染色体的主要组成部分。

DNA芯片 涂有基因DNA的芯片，用来寻找基因突变。

DNA测序 确定一条DNA链中碱基的确切顺序。

效应物 促进过程或反应的物质。

电子 电荷为−1的原子粒子，存在于原子核周围的空间里。

电子传递链 线粒体内发生的一系列反应，导致三磷酸腺苷的产生，是有氧呼吸的主要过程。

负电性 吸引电子形成化学键的分子或原子。

元素 由一种原子构成的物质，不能用普通的物理方法分解。

酶 控制和加速生化反应的蛋白质。

乙醇 通过将碳水化合物转化为糖，然后发酵将其转化为乙醇。化学式：C_2H_5OH。

脂溶性 任何能溶解在脂肪中的分子，如维生素A、维生素D、维生素E和维生素K。

脂肪酸 碳原子长链上含有羧酸的分子。脂肪酸是细胞的主要能量来源。它们也被用来制造磷脂。

发酵 通过酵母或某些细菌或肌肉细胞的作用，实现糖向酒精或酸的化学转化。

凝胶电泳 生化分离技术，使用凝胶分离混合物中的组分，其中组分根据其所带电荷以不同的速度迁移。

基因 位于特定染色体、特定位置的核苷酸的有序序列，包含制造特定产物（如蛋白质分子）的指令。基因是遗传的基本单位。

基因治疗 将正常的DNA直接插入细胞中以纠正有缺陷的基因。

基因定位图 定位染色体上特定基因位置的过程。

基因组 生物体的一整套遗传信息。

葡萄糖 分子式为$C_6H_{12}O_6$的单糖。它是光合作用的主要化学产物，也是淀粉、糖原和纤维素的成分。

甘油 具有三个醇官能团的三碳分子。它是与脂肪酸结合形成脂肪分子的基础分子。

糖原 动物和人类体内葡萄糖的储存形式。

糖酵解 活细胞的代谢途径，具有将葡萄糖转化为乳酸（无氧糖酵解）或丙酮酸（有氧糖酵解）的酶促反应序列。

基粒 （复数形式：grana）叶绿体中紧密堆积的类囊体膜。

血红蛋白 血液中的蛋白质，它与氧分子结合并把它们运送到身体细胞中。

肝素 用于防止血液凝固，可充当药用的复合多糖。

激素 体内产生的控制某些细胞或器官活动的化学物质。

碳氢化合物（烃） 仅含碳和氢的分子。

氢 符号为H的元素。它是元素周期表中的第一个元素。它也是最小的原子。宇宙中的氢比任何其他元素都多。

氢键　氢键一种弱化学键，氢结合在带负电的原子上，这种原子通常是氧。

水合氢离子　水电离产生的正离子：$2H_2O \rightarrow H_3O^+ + OH^-$。

亲水　亲水的化合物。亲水化合物容易溶解在水中，且通常是有极性的。

疏水　疏水的化合物。疏水化合物不容易溶解在水中，且通常是非极性的。油和其他长链碳氢化合物是疏水的。

氢氧根离子　一种带负电荷的离子，有一个氢原子与一个氧原子相连：OH^-。

免疫球蛋白　作为抗体的蛋白质，能抵抗疾病并消灭外来侵入物。

抑制剂　阻止或减缓反应过程的物质。

不溶（物）　一种不能溶于另一种物质的物质。

离子　带正电荷或负电荷的小分子或原子。可以变成离子的分子或化学基团被认为是可电离的。例如，COOH基可以电离成COO^-，一种带负电荷的离子。分子分裂成带负电荷和正电荷的离子称为电离。

克雷布斯循环　有氧细胞呼吸中的第二代谢途径；将碳水化合物和脂质（糖和脂肪）转化为二氧化碳和水，产生富含能量的化合物，包括一些三磷酸腺苷。

脂质双层　磷脂分子的有序双层排列，使得亲水头部

（磷酸基团）与疏水尾部（脂肪酸链）相面对，前者在外侧，后者在内侧。

脂质 一类生化化合物，包括脂肪、油和蜡。

代谢途径 生物体内由酶催化的一系列生化反应。

新陈代谢 活细胞或生物体中发生的所有维持生命所必需的生化过程。

线粒体 （复数形式：mitochondria）细胞中制造三磷酸腺苷的部分。它也包含遗传物质。

分子 结合在一起的一组原子。其中的原子可以不同，如在水 H_2O 中；也可以相同，如在臭氧 O_3 中。

单体蛋白质 只有一条氨基酸链的蛋白质。

单糖 一种简单糖类，如葡萄糖。它通常有6个碳原子、12个氢原子和6个氧原子，分子式为 $(CH_2O)x$，其中 x 可以是重复 CH_2O 单元的任意数量。

多聚体 由许多单体组成的蛋白质。

肌营养不良 一种罕见的遗传性肌肉疾病。它会导致身体肌肉变得非常虚弱。随着时间的推移，肌肉会分解并被脂肪沉积物取代。

突变 基因的DNA序列变成某种新的形式。

肌红蛋白 肌肉细胞中储存氧气的蛋白质。

NADH 烟酰胺腺嘌呤二核苷酸。携带能量的分子。

氮 符号为N的元素。它在自然界中是一种气体，在空气中所占的比例接近80%。它也存在于土壤中，是植物的主要养分。

非极性　正负电荷分布均匀且不溶于水的分子。

核酸　一类包括DNA和RNA的生化化合物。

核苷酸　制造核酸的（结构）单位。它含有糖、磷酸基团和氮基。

核　原子核是原子中含有质子和中子的带正电荷的部分。带负电荷的电子存在于原子核周围的空间中。被（核）膜包围的细胞核包含染色体及其DNA等遗传信息。

氧化　一个原子失去一个或多个电子的化学反应。

氧　符号为O的元素。一种存在于地壳和空气中的活性气体。大多数生物需要氧气维持生存。

果胶　水果和蔬菜中存在的多糖，用于使各种食物发生胶凝。

肽　由两个或多个氨基酸连接在一起形成。

肽键　在一个氨基酸的羧基和另一个氨基酸的氨基之间形成，表示为-CO-NH-。

pH酸碱值　物质酸碱度的量度。pH值小于7表示酸性，pH值为7表示中性溶液，pH值在7以上表示碱性。

磷酸基团　由一个磷原子和四个氧原子组成的离子，表示为PO_4。也被称为无机磷酸盐（Pi）。

磷脂　含有磷酸基团和长链脂肪酸的脂质。它们构成细胞膜。

光合作用 光能被叶绿素吸收并用来为糖分子的形成提供能量的生化过程。

光合体系 含有叶绿素的大型蛋白质组件，在光合作用中捕捉光。有两个光系统，Ⅰ和Ⅱ，都位于叶子的叶绿体中。

色素 任何彩色分子；叶绿素是大多数植物的主要色素。

极性分子 具有一对相等和相反电荷的分子。它能很好地溶解在水中，因为水也是极性的。

极性 一个共价键或共价分子中电荷分布的不均匀性。

聚合酶链反应 用于快速复制DNA的技术。

多肽 连接在一起的长链氨基酸。

多糖 糖分子的长链。该链可以包含许多不同的单糖。

卟啉 含有四个位于中央的氮原子的大碳环，与金属离子相连。在血红蛋白中，这个金属离子是铁；在叶绿素中，是镁。

防腐剂 一种能阻止微生物生长的物质。

一级结构 组成蛋白质的氨基酸的线性序列。

朊病毒 没有DNA和RNA的小蛋白质分子。朊病毒被认为会导致克罗伊茨费尔特-雅各布病（Creutzfeldt-Jakob disease），也被称为疯牛病（Mad Cow disease）。

蛋白质　一类由氨基酸构成的生物分子。蛋白质可能是结构性的，像构成毛发和软骨的蛋白质，它们也可能是控制生化反应的酶。

蛋白质测序　测定组成蛋白质的所有氨基酸的排列顺序。

蛋白质组　由细胞、组织或有机体产生的一整套蛋白质。

蛋白质组学　研究蛋白质及其功能的学科。

质子　原子核中带正电荷的粒子。

四级结构　由两条或多条肽链结合形成的结构。

核糖体　细胞中蛋白质合成的位置。

RNA　核糖核酸。从细胞核中将DNA中的信息输出，带到细胞质的结构中去，在那里进行翻译和使用。

饱和脂肪　一种脂肪，其脂肪酸链上没有双键或三键，不能接受更多的氢原子。

二级结构　肽链折叠成螺旋、片状或随机卷曲的蛋白质结构。

半透性　一种膜，允许一些但不是全部物质通过。

可溶（物）　能溶解在另一种物质中的物质。糖和盐是可溶于水的化合物。

淀粉　一种由植物中的葡萄糖单元构成的多糖，用作能源。

类固醇　含有三个六碳环、一个五碳环和一条某种侧链的脂质分子。它们通常起到激素的作用。

气孔 （复数形式为stomata）植物叶子或茎上可以通过气体的小孔。

结构式 显示原子如何排列在分子中以及它们如何结合的化学式。

底物 被酶作用的分子。它们与酶的活性部位结合，形成酶–底物复合物。

糖 有甜味的碳水化合物，如葡萄糖。

合成 由不同的化学分子产生一种新的化合物。

三级结构 蛋白质的完整三维结构。

类囊体 位于植物细胞叶绿体中堆叠的膜，其中含有叶绿素分子，在光合作用中捕捉光。

毒性 能够对活体造成伤害或损害。

甘油三酯 由甘油分子结合三个脂肪酸组成的脂肪分子。

不饱和脂肪 一种脂肪，其中脂肪酸链有一个或多个碳碳双键，可以接受氢原子。

尿素 蛋白质新陈代谢产生的废物，由肝脏形成，通过肾脏以尿液的形式从体内排出。

真空 没有压力和分子的区域。

病毒 一种只能在细胞内繁殖的微小粒子。外被称为衣壳的蛋白质覆盖物，内部有一条DNA或RNA，但不是两者兼有。

蜡　具有长碳链的脂质，在自然界中起保护表层的作用。

X射线衍射　晶体原子对X光的散射，产生一种衍射图案，发出关于晶体结构的信息。

ISBN 978-7-5439-8734-0

微信号：shkjwx

定价：38.00元

http://www.sstlp.com